Dr. Peter Schmid / Dietmar Paschke

# UNTERWASSERFÜHRER ROTES MEER

*Niedere Tiere*

# UNDERWATER GUIDE RED SEA

*Invertebrates*

*Dr. Peter Schmid / Dietmar Paschke*

# UNTERWASSERFÜHRER
# ROTES MEER

*Niedere Tiere*

# UNDERWATER GUIDE
# RED SEA

*Invertebrates*

**Delius Klasing**
EDITION NAGLSCHMID

Die Deutsche Bibliothek – CIP-Einheitsaufnahme

**Unterwasserführer Rotes Meer** = Underwaterguide Red Sea
Hrsg. Friedrich Naglschmid. – Bielefeld:
Delius Klasing; Stuttgart: Ed. Naglschmid.
Text dt. und engl. – Literaturangaben. – Band 1 verf. von Peter Schmidt
und Dietmar Paschke. – Teilw. im Naglschmid-Verl., Stuttgart
NE: Schmid, Peter; Paschke, Dietmar;
Underwaterguide Red Sea
Niedere Tiere. – 3. Aufl. – 1995
(Unterwasserführer; Bd. 1)
ISBN 3-89594-022-4
NE: GT

3. Auflage
ISBN 3-89594-022-4


Herausgeber: Dr. Friedrich Naglschmid/MTi-Press, Stuttgart
Umschlaggestaltung: Buchholz / Hinsch / Hensinger, Hamburg
Titelfoto: Peter Schmid/MTi-Press
Zeichnungen: Stephanie Naglschmid/MTi-Press
Lektorat: Helmut Göthel/MTi-Press
Druck: Kunst- und Werbedruck, Bad Oeynhausen
Printed in Germany 1995

Dieses Buch wurde auf umweltschonendem,
chlorfrei gebleichtem Papier gedruckt.

## VORWORT

Das Rote Meer zählt durch seine interessante und nahezu einzigartige geologische Gestaltung zu den faszinierendsten Tauchgründen, die uns Menschen zugängig sind. Einzigartig in seiner Zusammensetzung ist die Fauna dieses Meeres. Verlag, Herausgeber und Autoren wollen diesen in seiner Form bislang einzigartigen Unterwasserführer, der ausschließlich Biotopaufnahmen der vorgestellten Arten enthält, zugleich als Aufruf zum Schutz dieser einzigartigen Riffe und ihrer Lebewesen verstanden wissen. Wer in die Geheimnisse der Meere Einblick gewinnen konnte, wird begreifen und bereit sein, für den Schutz der Meere und ihrer Lebensformen einzutreten, um somit auch die Lebensgrundlagen für uns Menschen zu erhalten.

Stuttgart, September 1995 Dr. Friedrich Naglschmid
Vizepräsident des Verbandes Deutscher Sporttaucher

## FOREWORD

Due to its extraordinary geological situation the Red Sea is one of the most fascinating diving areas in the world. All photographs of the animals described in this book have been taken directly in the reefs of the Red Sea. Publisher, editor and authors want to present this first underwaterguide of this special kind as an appeal to protect the coral reefs and their fantastic life. Those who could have a closer look to the secrets of the sea and the mystery of sealife will be engaged in the environmental protection of the sea and its living system which is basic for human life.

Stuttgart, september 1995 Dr. Friedrich Naglschmid
Vicepresident Union of German Scubadivers VDST

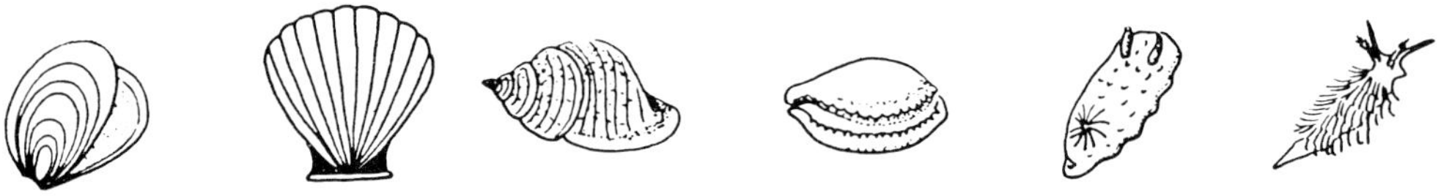

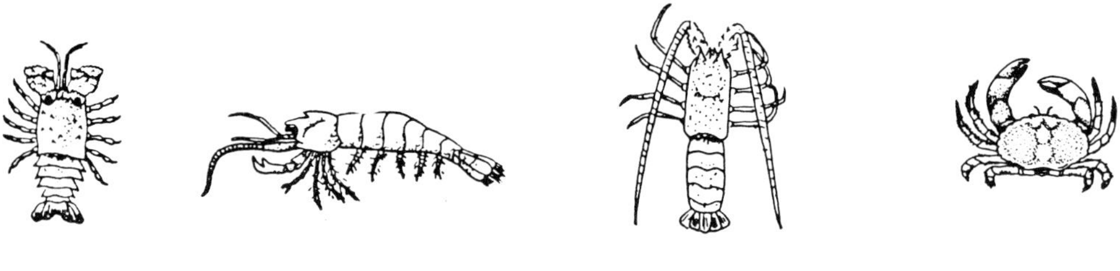

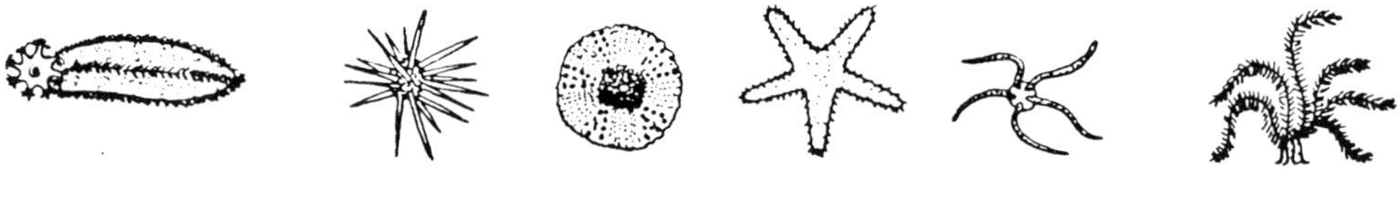

**Bestimmungs-Schlüssel**
**Schwämme**
**24 – 27**
**Sponges**

---

**Hohltiere**
**28 – 85**
**Coelenterates**

---

**Plattwürmer**
**106 – 107**
**Flatworms**

**Gliederwürmer**
**86 – 89**
**Annelides**

---

**Weichtiere**
**108 – 129**
**Mollusks**

---

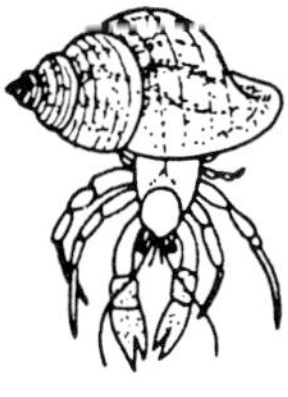

**Gliederfüßer**
**90 – 105**
**Arthropodes**

---

**Stachelhäuter**
**130 – 157**
**Echinoderms**

**Manteltiere**
**158 – 161**
**Tunicates**

# INHALTSVERZEICHNIS

# CONTENTS

# VORWORT

Die Einzigartigkeit des Roten Meeres liegt in dem krassen Gegensatz der nackten Wüste und einer Unterwasserwelt mit überwältigenden „Blumengärten“. Winzige Korallenpolypen haben in Jahrmillionen unter Wasser riesige Kalksteinbauten errichtet, die Korallenriffe. Sie beherbergen eine Fülle farbenprächtiger Tiere, die dicht zusammengedrängt schon in Ufernähe zu beobachten sind. Dazu braucht man nur Maske und Schnorchel, und schon ist man im Bann der noch fremden Unterwasserwelt. Das warme, ruhige Wasser ist transparent wie die Wüstenluft, die vielen Tiere exotisch, aufregend. So erwarten viele weltbekannte Tauchgründe, wie Ras Mohammed oder Port Sudan, den Aktivurlauber, Hobby-Forscher und Fotografen. Dieses Buch dient als Einführung in die faszinierende Unterwasserwelt der wirbellosen Tiere (z. B. Korallen, Krebse, Schnecken, Seesterne usw.) des Roten Meeres. Sein Gerüst und die Auswahl der Arten entstammen aus unserem Erfahrungsgut mehrwöchiger meeresbiologischer Exkursionen, die wir im Laufe von 6 Jahren an den Golf von Aqaba durchgeführt haben.

In diesem Zusammenhang möchten wir in erster Linie Herrn Prof. Köhler (Universität Stuttgart) danken, der viele unserer Studien ermöglicht hat. Viele Institutionen und Firmen haben uns dabei tatkräftig unterstützt; dazu gehören Air Aqua Reisen (Gelsenkirchen), Caravan Sun Club Hotel (Eilat), Aquamarina Sharm Bungalow Hotel (Sharm el Sheik), Steinitz Laboratory, Nature Reserve Authority, Coral World Aquarium (Eilat), Lufthansa, Hapag Lloyd, Egypt Air; die Tauchbasen Aqua Sport, Red Sea Sports Club (Eilat); Aquamarine Diving Club (Sharm el Sheikh).

Stuttgart, September 1995

Prof. Dr. Peter Schmid, Dr. Dietmar Paschke

# PREFACE

The uniqueness of the Red Sea can be explained by the contrast of the desolate desert and the overwhelming busy underwater life. During millions of years tiny coral polyps constructed giant limestone buildings, the coral reefs. They are populated by a host of colorful animals that live closely together. You only need mask and snorkel to observe them near the shore. The warm and calm water is transparent like the air of the surrounding desert, the animals are exotic and exciting. A number of famous diving areas as Ras Mohammed or Port Sudan and others are waiting for you, the water enthusiast, diver and photographer. This book serves as introduction to the fascinating underwater-world of the invertebrates (sponges, corals, shells, crustaceans, sea stars…) of the Red Sea. The selection of animals is based on many fieldtrips, we organized over six years to the Gulf of Aqaba. All animals are shown in their natural habitat and each major group is presented with its styles of organization.

We are most grateful to Professor Köhler (University Stuttgart), who enabled and encouraged many of our studies. We further offer our thanks to the following institutions and companies for their assistance and facilities: Air Aqua Reisen (Gelsenkirchen), Caravan Sun Club Hotel (Eilat), Aquamarina Sharm Bungalow Hotel (Sharm el Sheik), Steinitz Laboratory, Nature Reserve Authority, Coral World Aquarium (Eilat), Lufthansa, Hapag Lloyd, Egypt Air; the diving companies: Aqua Sport, Red Sea Sports Club (Eilat); Aquamarine Diving Club (Sharm el Sheik).

Stuttgart, september 1995

Prof. Dr. Peter Schmid, Dr. Dietmar Paschke

# EINLEITUNG

## Ozeanographische Verhältnisse des Roten Meeres

Das Rote Meer nimmt eine Sonderstellung unter den Weltmeeren ein. Geologisch betrachtet gehört es zum syrisch-ostafrikanischen Grabensystem, welches sich im Tertiär einsenkte. Im Norden stellt der Bruchgraben des heutigen Golfes von Aqaba die Fortsetzung des von Jordantal, der Senke des Toten Meeres und Wadi Araba gebildeten Grabens dar. Im Süden endet das Rote Meer mit einer untermeerischen Schwelle, dem abessinischen Landriegel, im Bereich der heutigen Straße von Bab el Mandeb, wodurch der Wasseraustausch mit dem Indopazifik stark eingeschränkt ist. So ist das Rote Meer, ozeanographisch betrachtet, ein Mittelmeer. Ähnlich wie das Hauptbecken besitzt auch der Golf von Aqaba nur einen schmalen Ausgang, die Straße von Tiran. Sie besteht aus einer Inselgruppe, mehreren mächtigen Riffen und einer untermeerischen Schwelle, die bis ca. 170 m an die Wasseroberfläche heraufreicht. Der Golf ist ca. 180 km lang, maximal 25 km breit und erreicht dabei eine enorme Tiefe von bis zu 1830 m. Seine Ränder werden von herausgehobenen Gebirgen gebildet, die in Küstennähe bis zu etwa 1000 m aufsteigen. Ihre Steilabfälle setzen sich auch unter Wasser fort und lassen nur wenig Platz für schmale, bis zu 50 m breite, abrupt abfallende Saumriffe. So wirkt der Golf von Aqaba wie ein riesiger Trog, der gegenüber dem Hauptbecken weitgehend isoliert ist. Im Gegensatz dazu stellt der Golf von Suez ein flaches Schelfmeer mit einer Tiefe von max. 80 bis 90 m dar.

Das Rote Meer liegt in einer ausgedehnten Wüstenzone. Heiße Sommer und geringe Niederschläge im Winter bestimmen das extreme Trockenklima, wodurch die hydrologischen Verhältnisse des Meeres stark beeinflußt werden. Die Oberflächentemperatur des Wassers beträgt im Sommer bis zu 30°C, im Winter kann sie auf 21°C sinken. Im flachen Golf von Suez fällt sie unter 19°C, ein Grund, warum dort nur wenige Korallenriffe vorkommen. In den tiefen Rotmeerbecken gibt es keine thermische Vertikalschichtung. In etwa 1000 m Tiefe ist das Wasser noch ca. 20°C warm, man konnte sogar mit zunehmender Tiefe einen Temperaturanstieg von 0,2°C pro 1000 m registrieren. Dafür wird unter anderem die starke Verdunstung verantwortlich gemacht. Durch sie wird das warme Oberflächenwasser zunehmend salzreicher und damit dichter; es sinkt infolgedessen in die Tiefe ab, während an der Oberfläche ständig leichteres Wasser aus dem Indopazifik mit einem niederen Salzgehalt von 39 ‰ nachfließt. Das freie Oberflächenwasser hat im Sommer einen Salzgehalt von bis zu 42 ‰. Als weitere Ursache für eine derartige Umschichtung gilt die Windzirkulation. Dies gilt besonders für den Golf von Aqaba, wo stetig leichte Nordwinde herrschen. Die Gezeiten des Roten Meeres sind wegen seiner isolierten Lage sehr gering ausgebildet; es sind sogenannte Mitschwingungen des Indischen Ozeans. Der Gezeitenhub beträgt etwa 0,4–0,7 m. Weiterhin ist die Transparenz des Wassers extrem hoch, da selten Süßwasser zugeführt wird, wodurch Sediment (hauptsächlich Sand) und damit Mineralstoffe ins Meer gelangen. So ist das Rote Meer arm an Nährstoffen wie Phosphat- und Stickstoffverbindungen. Die Vermehrung von Plankton als erstes Glied der Nahrungskette ist deshalb nur beschränkt möglich. Da Licht und Wärme aber ausreichend vorhanden sind, hat sich auf engstem Raume eine immense Artenvielfalt an Korallen entwickelt, die weit über den Wendekreis des Krebses hinausreicht, der normalerweise als nördliche Barriere für riffbildende Korallen gilt.

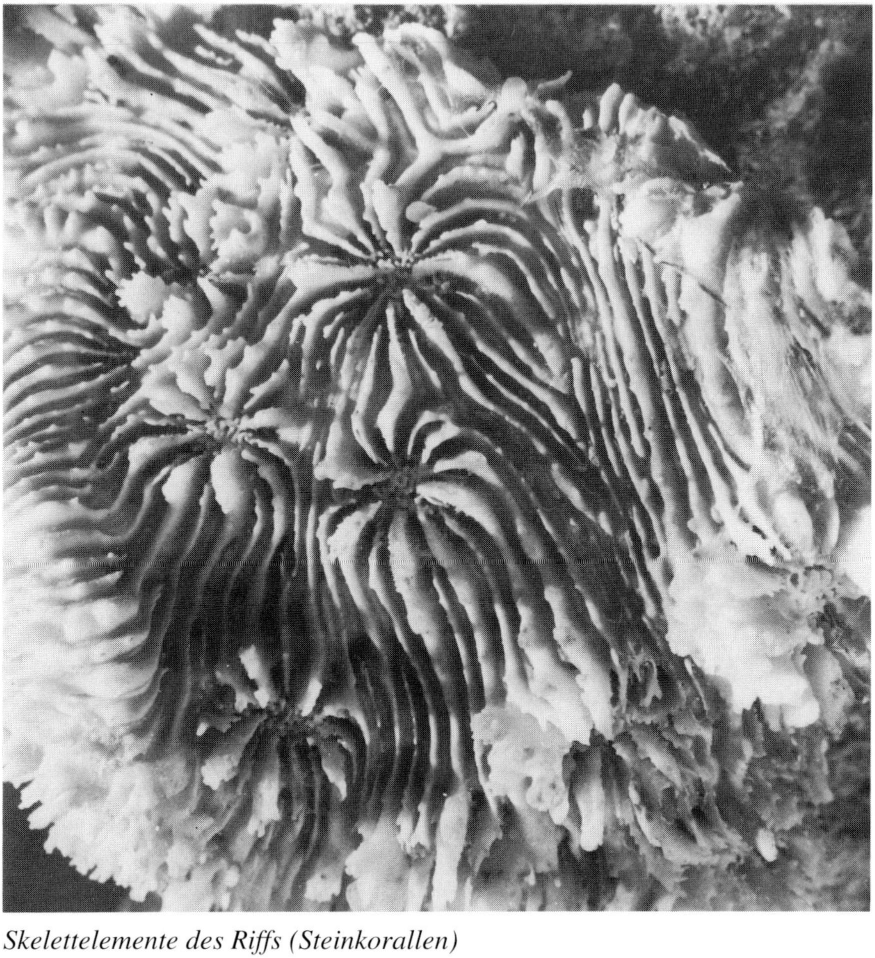

*Skelettelemente des Riffs (Steinkorallen)*

# INTRODUCTION

## Geology and Oceanography of the Red Sea

The Red Sea is part of the worlds greatest rift systems which includes the Jordan valley with the Dead Sea and the East African rift valley. The Red Sea exceeds 2.000 meters in depth but it is linked to the Indian Ocean by a shallow water zone, the sill at Bab-el-Mandeb, which is little more than a hundred meters deep. This prevents major circulation between the Indian Ocean and the Red Sea. Thus this sea forms a "Mediterranean Sea" characterized by its isolation and waterregime. A very similar situation exists in the Gulf of Aqaba which is separated from the Red Sea by the straits of Tiran, a narrow passage about 170 m deep. There are a group of islands and considerable reefs close to the water surface. The Gulf of Aqaba is 180 km long, 14–25 km wide and almost 1.830 m deep. On either side, beyond the shoreline rise bare mountains that become approximately 1.000 m high. Because of this, the Gulf of Aqaba looks like a deep trough in contrast to the shallow basin of the Gulf of Suez with a depth of 80 to 90 m. The coral reefs form a fringing belt close to the shore.

The climate of the Red Sea is extremely dry. Surrounded by large and hot deserts the annual evaporation of the sea is more than 2 m by the annual rainfall at winter time is below 10 mm, producing a salinity between 39 ‰ and 42 ‰. The enormous water deficit is compensated by intensive water flow from the Indian Ocean through the strait of Bab-el-Mandeb. The average surface water temperature is 21°C during winter and 26°C during summer in the northern part and range from 25°C to 31°C in the southern parts. However, in the Gulf of Suez the water temperature falls below 19°C during winter time, one of the reasons for the poor coral development in this part of the Red Sea. In the deep basins of the Red Sea the temperature of the water decreases to a minimum of 20°C at a depth of 1.000 m and then increases slowly and steadily towards the bottom. Thus, the deep water is much warmer than any other marine region at the corresponding depth. This is partly due to the high evaporation which increases the salinity and density of the warm surface water that sinks to the bottom. Constantly blowing winds from the north support this effect.

Due to its isolated location, the tides of the Red Sea are very small, oscillating with the water level of the Indian Ocean. The peak tides are of about 0,4–0,7 m. There are, however, seasonal variations in water level over a longer period, in summer the water level is lower than it is in winter. Interestingly every twenty to fourty years extremely low tides expose the reef crest in the northern part of the Gulf of Aqaba, killing most of the corals, if this happens at daytime. This prevents a steady state of coral population.

The water of the Red Sea is very clear, only in winter wadis sporadically flow after rainfall transporting sand and rocks into the Sea. Thus there is poor supply of mineral salts as nitrogen or phosphorous compounds into the water keeping the planktonic primary production very low. Nevertheless the extensive sunlight and the warm water led to an enormous development of corals that live in symbiosis with small photosynthetic algae far away from the Tropic of Cancer. It is normally the northern frontier of reef building corals.

*Skeleton elements of the reef (stony corals)*

## Riff-Formationen im Roten Meer

Bedingt durch die Grabenstruktur drängen sich die Riffe zu beiden Seiten auf dem schmalen Festlandsockel. Wie ein Saum ziehen sich die Riffe entlang der Küste (Saumriffe) und werden nur durch Wadimündungen (saudi-arabisch: Sharm, ägyptisch: Marsa) unterbrochen. An zahlreichen Stellen der Küste sind in einigen Kilometern Entfernung weitere barriereartige Riffe vorgelagert, die aus isolierten Riffgruppen bestehen. Solche Riff-Formationen gibt es häufig entlang der Küste Saudi-Arabiens, des Sudan und im nördlichen Teil der ägyptischen Küste. An wenigen Stellen mit flacherem, ausgedehnterem Festlandsockel bildete sich auf dem hügeligen Meeresgrund ein System komplexer Riff-Archipele mit Inseln: die Farasan-Bank vor Saudi-Arabien, der Dahlak-Archipel vor Äthiopien und der Suakin-Archipel vor der Küste des Sudan. Zusätzlich gibt es einige Inseln mit ausgeprägten Saumriffen an den Enden des Roten Meeres; die Inseln von Tiran und Sinafir am Ausgang des Golfes von Aqaba, die Shadwan-Inseln am Ausgang des Golfes von Suez. Unabhängig davon liegen weiter draußen dem Festlandsockel vorgelagert die Brother-Inseln (El Akhawein), das Daedalus Riff (Abu el Kizan) und die St. John's Inseln (Gezeirat Zabargad). Das Sanganeb-Riff, etwa 20 km nordöstlich von Port Sudan, bildet sogar Atolle.

## Forms of Coral Reef in the Red Sea

The corals form a fringing belt on both sides of the Red Sea (fringing reefs). They are broken by a series of dry bed creeks (wadis) ending in shallow bays that are known in Saudi Arabia as a Sharm and in Egypt or Sudan as Marsa. Off many parts of the coast, several kilometers from the shore, there are further barriere-like arranged patch reefs formed by coral growth on submarine hills. Such reef systems are very abundant along the Saudi Arabian coast, the northern part of the Egyptian Red Sea coast and the Sudanese coast. At a few points shallow areas of the shelf zone extend much further out to the sea with complex archipelagos of reefs and islands. The largest are the Farasan bank along the southern part of the Saudi Arabian coast, the Dahlak archipelago in front of Ethiopia and the Suakin archipelago of the Sudanese coast. Furthermore there are many islands with extensive fringing reff complexes at both ends of the Red Sea, the islands of Tiran and Sinafir at the exit of the Gulf Aqaba, the Shadwan islands at the exit of the Gulf of Suez. Independently of these islands which are relatively close to the shore there exist some island arising from rather deeper water far from the shore. These are the Brother Islands (El Akhawein), the Daedalus reef (Abu el Kizan) and the St. John's Islands (Gezeirat Zabargad). The famous Sanganeb reef about twenty kilometers north-east of Port Sudan even forms atolls.

## Aufbau eines Lagunensaumriffes im Golf von Aqaba

Um einen Rifftyp zu beschreiben, sind Begriffe erforderlich, welche die Riffteile bezeichnen. Hierzu hat sich inzwischen eine eigene Riffnomenklatur entwickelt, wobei einzelne Riffstrukturen recht unterschiedlich bezeichnet werden. Für dieses Buch wurden hauptsächlich die von Mergner und Schuhmacher 1974 eingeführten Begriffe übernommen.

**Rifflagune:**
Uferseitig, durch Erosion der Riffoberfläche metertief eingesenkt; meist sandige Stillwasserzone mit wenigen Korallen.

**Riffdach:**
Die flache Oberseite des Riffkörpers, der aus Korallenfels besteht. Oft leicht seewärts geneigt, erstreckt sich das Riffdach mehr oder weniger horizontal verlaufend bis zur Riffkante. Die Oberfläche ist meist durch Erosion kraterförmig zerfressen. Der Korallenbewuchs ist wegen der auslaufenden Brandungswellen und stärkerer Sedimentablagerungen gedrungen und recht spärlich.

**Riffkrone:**
Seewärts gerichteter Teil des Riffdaches und höchste Erhebung des Riffes. Er ist oft so seicht, daß keine Fische mehr passieren können.

**Riffkante:**
Schmaler Übergangsbereich zwischen Riffdach und Riffabhang. Starke Belastung durch Brandung, daher gedrungene Korallenwuchsformen. Oft mit Feuerkorallen bewachsen.

**Riffabhang:**
Unterschiedlich steil abfallende Riffregion mit teilweise wächtenartig überhängender Riffkante, tiefen Löchern und Schluchten. Diese Zone ist stark mit Steinkorallen bewachsen.

**Vorriff:**
Dem eigentlichen Riff seewärts vorgelagerter, aus Korallenpfeilern oder flächigem Bodenbewuchs bestehender Abschnitt. Er reicht bis in große Tiefen, wo er meist in eine Geröllhalde übergeht.

**Riffpfeiler:**
Einzeln, meist auf sandiger Fläche isoliert stehender Korallenblock. Ihn findet man in allen Tiefen. Der Bewuchs an Steinkorallen ist sehr artenreich.

## Structure of a fringing Lagoonar reef in the Gulf of Aqaba

To describe a distinct reef type you need some terms that name the different zones of a reef. We use a slightly modified version of the nomenclature of Mergner and Schuhmacher published 1974 (see references).

**Reef Lagoon:**
A deep eroded zone of the reef just below the shoreline. Its bottom is covered with rubble and sand. The water often becomes quite warm, there is only little coral growth.

**Reef Flat:**
The upper horizontal surface of the reef. It is build up by dead coral rock with deep holes and caves eroded by the effects of water movement. Due to the breakers slowing down in this zone the corals are usually sturdy.

**Reef Crest:**
The seaward part of the reef flat representing the highest point of the reef. This zone is often too shallow for fish to cross. There are often many organ-pipe corals *(Tubipora musica).*

**Reef Edge:**
A narrow zone beyond the reef crest. When exposed to the surf the corals are very sturdy. Typical are the large colonies of fire corals *(Millepora dichotoma).*

**Reef Slope:**
The reef slope is usually very steep and occasionally overhanging with deep caves and canyons. Its upper part is generally the zone of greatest coral growth. Here are massive banks of mountain corals (Porites) or many species of staghorn corals (Acropora) forming more or less extended tables, umbrellas and plates. In the lower part there are often small terraces of bare coral rocks or sandy bottom.

**Fore Reef:**
The fore reef consists of a gradually outwards falling flat area with a mixture of sand, mud and coral rubble. It is covered by bizarre shaped coral heads or pillars.

**Reef Pillars:**
Single pillar-like knolls in a distance of several ten to hundred meters of the reef slope. They reach close to the surface and have their own and very rich reef-edge communities.

## Andere Riff-Formen

Als Vorläufer des Lagunensaumriffs könnte man das **Plattformriff** betrachten. Dieses Riff hat eine kontinuierliche Plattform, die vom Strandfels bis an die Riffkante reicht. Stark eingesandete, flache Lagunen sind oft mit Mangrove bewachsen. Ihre spargelförmigen Luftwurzeln bieten besondere Lebensräume. Man spricht daher von **Mangrove-Riffen.** Ein anderer Spezialfall ist das **Sharemriff.** Es hat sich vor Wadimündungen ausgebildet, wo nach starken Regenfällen mitgeführter Sand fächerförmig abgelegt wird. Diese oft ausgedehnten Sandflächen sind meist mit Seegras bewachsen. Korallen wachsen nur an den Längsseiten des Fächers, da sie in Flußrichtung verschüttet werden.

## Other reef types

The **Platform reef** could be regarded as precursor of the lagoonar reef. It forms a continuous platform from the beach of the shoreline to the reef edge, where it falls to great depth. Shallow, sandy lagoons are often covered with Mangroves. Their asperge shaped roots supply them with air and are rich in animals typical for such habitats **(Mangrove reefs).** Another type of reef the **Sharem reef** is found within bays. Its fan-shaped axis consists of sandy bottom and is usually covered with sea grass. Corals only grow along the sides.

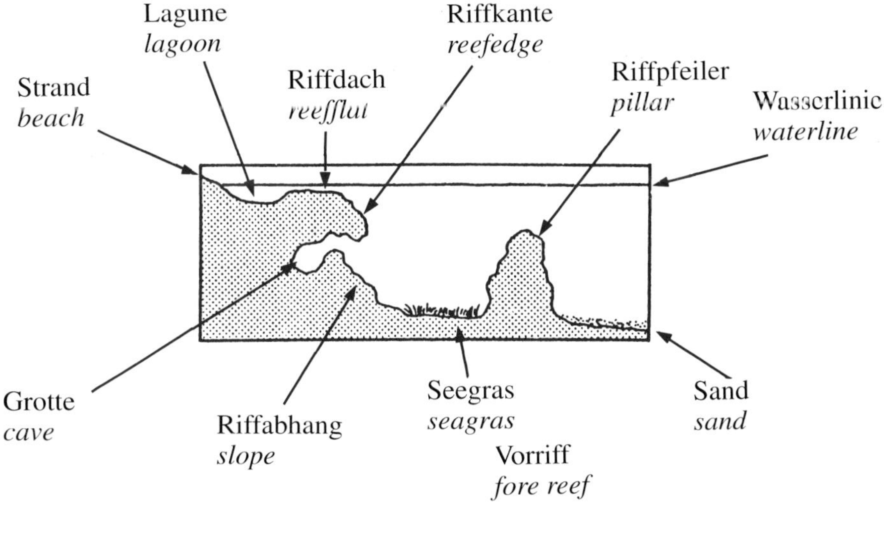

## Gebrauchsanweisung

Dieses Buch erleichtert auf mehrfache Weise die Bestimmung von wirbellosen Tieren des Roten Meeres. Zunächst kann eine Grobeinordnung an Hand des Konturschlüssels ab Seite 6 vorgenommen werden. Man wählt die entsprechende Skizze für das zu bestimmende Tier und schlägt die daneben angegebene Seite auf.

Dort findet man eine kurze Beschreibung der Tiergruppe mit Bauplanskizzen, welche der Konturskizze zugeordnet sind. Hier kann überprüft werden, ob der eingeschlagene Weg stimmt. Wenn nicht, dann sollte man wieder zurück zu den Konturtafeln gehen und eine neue Wahl treffen.

Stimmen die beschriebenen Merkmale überein, dann kann mit Hilfe der Fotos und der gegenüberliegenden Beschreibung die Tierart oder zumindest die Gattung bestimmt werden. Auch Standort und Tiefenangaben sind oft wichtige Hilfsmittel für die Identifizierung einer Art; sie sind gut überschaubar in Form von Piktogrammen dargestellt. Umgekehrt können mit Hilfe der Piktogramme die angesprochenen Tiere unter Wasser schneller aufgefunden werden. Die schwarzen Pfeile in den Riffskizzen weisen den Weg zu den bevorzugten Standorten dieser Tiere. Ein dunkler Kreis bedeutet, daß die Tiere in der vorgestellten Form (Foto) nur nachts anzutreffen sind, ein halbschattierter Kreis bedeutet Tag und Nacht, ein heller Kreis Tag. Der senkrechte Pfeil erklärt die Tiefe ***(in m)***, ab der sich die beschriebene Tierart in der Regel aufhält, daneben ist die ungefähre Größe der Tiere ***(in cm)*** angegeben. Die einzelnen Riffabschnitte werden am Ende der Einleitung erklärt. Im Text sind ergänzend zu den Piktogrammen und Farbfotos wesentliche Merkmale, Verhaltensweisen oder Besonderheiten der jeweiligen Art erläutert.

Ein großes Literaturverzeichnis ab Seite 168 soll dem engagierten Leser die Suche nach ausführlicheren Beschreibungen erleichtern. Das Namensregister, ab Seite 162, erlaubt ein rasches Auffinden der Beschreibung und Abbildung der Tierarten, deren Namen man schon kennt.

## How to use this book

This book is intended to serve as a guide to the identification of the invertebrates of the Red Sea. The species described represent only a small part of the total fauna but are the most common you will find on your underwater trip. To identify an unfamiliar animal first turn to page 4 which shows drawings of typical examples of the different groups of invertebrates. Then simply compare the drawings with the animals you have seen. You turn to the text where that group of animals is discussed. There, you will find their styles of organization. If the characteristics described agrees with your specimen, turn to the photographic plates, if not go back to page 6 and take another choice.

Facing each illustration is a legend page that explains the species. Arrows in reef pictogrammes help you to find their habits. The daily activity of the animals on the photos is demonstrated by differently shadowed circles. Totally shadowed corresponds to night active, half shadowed to day and night and blank corresponds to the animals shape and behaviour during daytime. The vertical arrow describes the upper depth limit of the species distribution ***(in m)***. On the far right the average size of the animal is given ***(in cm)***. The reef pictogramme is discussed at the end of the introduction.

The references starting at page 168 help you to find more detailed descriptions in the literature. Finally, an index of the species names, page 162, fastens your search fo the species you know.

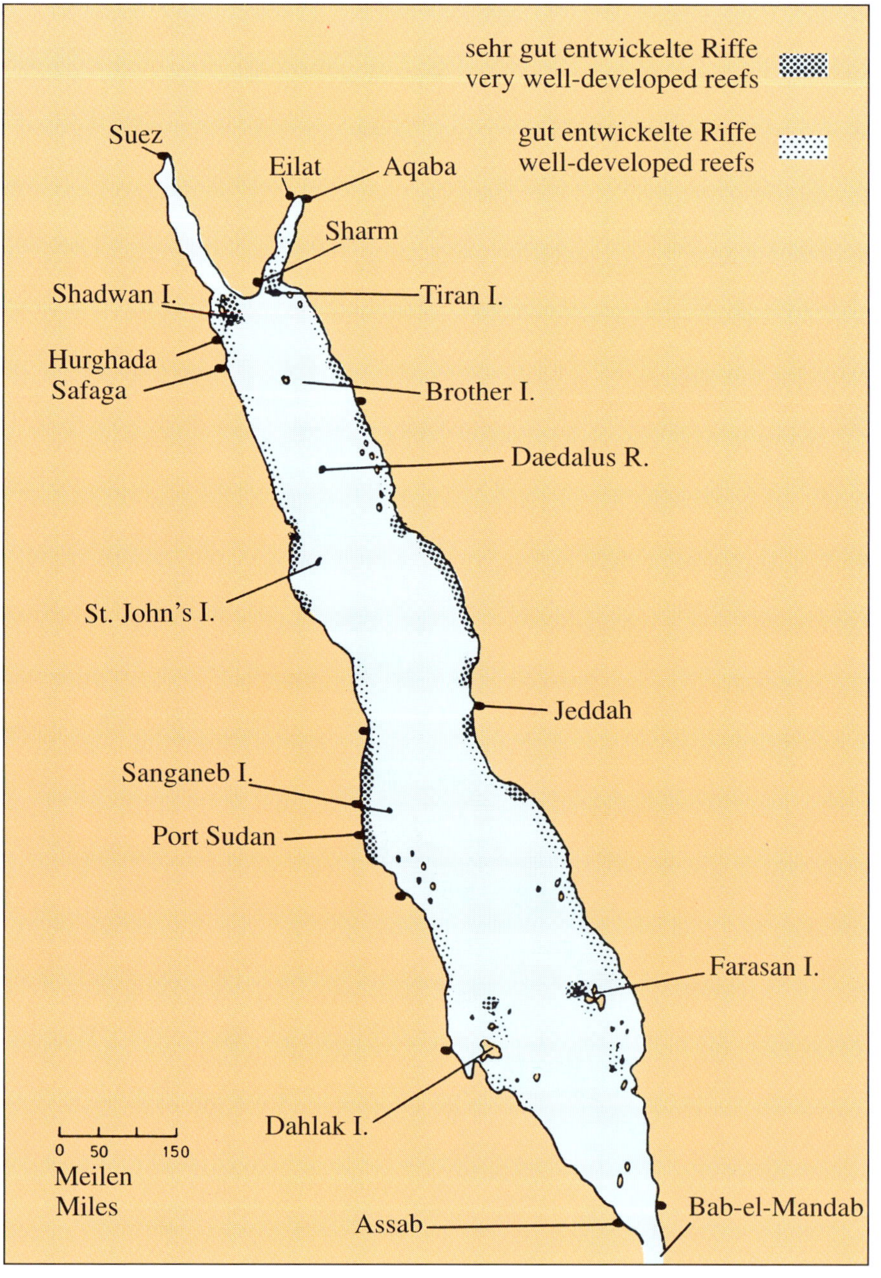
sehr gut entwickelte Riffe
very well-developed reefs
gut entwickelte Riffe
well-developed reefs
Suez
Eilat
Aqaba
Sharm
Shadwan I.
Tiran I.
Hurghada
Safaga
Brother I.
Daedalus R.
St. John's I.
Jeddah
Sanganeb I.
Port Sudan
Farasan I.
Dahlak I.
0 50 150
Meilen
Miles
Assab
Bab-el-Mandab

*Saumriff mit Wadimündung beim Devils Head (Sinai).*
*Fringing reef with wadi mouth near Devils Head (Sinai).*

## SCHWÄMME SPONGES PORIFERA

Tiere mit röhrenförmiger, kugeliger, baumförmiger Struktur bzw. dünne Überzüge. Ihr Skelett besteht aus feinen, mannigfaltig geformten Kalk- oder Silikatnadeln, manche haben nur Sponginfasern. Den Schwammkörper durchziehen Hohlräume, die mit Kragengeißelzellen ausgekleidet sind. Sie erzeugen einen Wasserstrom, der über stecknadelkopfgroße Poren der Epidermis eintritt und durch die Hohlräume geleitet wird; dabei bleibt das Plankton an den Geißelzellen hängen. Das Wasser tritt dann über Kanäle, die zu großen, kraterförmig erhobenen Ausfuhröffnungen (Osculae) verschmelzen, wieder aus.

Sponges are vase-like, tubular, tree-shaped, or form thin layers encrusting other objects. Their bodies have many small cavities within. These are lined with special cells with sticky collars and whip-like flagella that move water current in through tiny pores on the surface and out through larger openings, called oscula. The collar cells catch the plancton that sponges feed on. Their internal skeleton consists of calcareous or siliceous needles; several species have spongin fibres that makes them useful for cleaning purposes.

### Siphon-Schwamm Siphon-sponge *Siphonochalina siphonella*

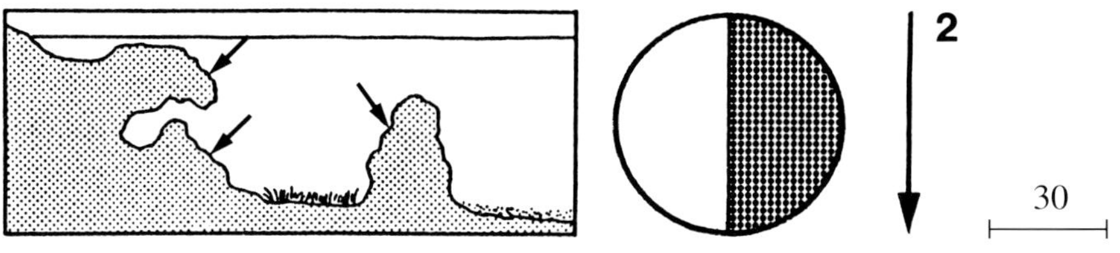


Dieser Schwamm hat lange, englumige Röhren; sie sind an der Basis gabelig verzweigt und stehen bündelweise zusammen. Sie werden gerne als Kinderstuben von verschiedenen Meerestieren benutzt. Er wächst an sonnigen Plätzen.

This is a large, soft sponge with long, narrow branched tubes. The tubes often contain larva and the young of other marine animals. The sponge grows in sunny areas.

# PORIFERA

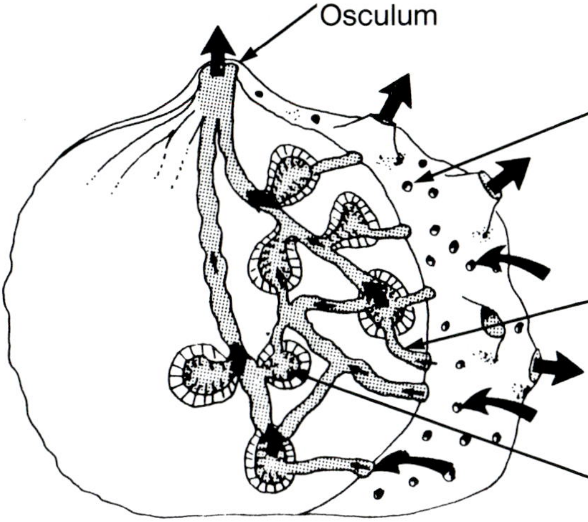


Siphon-Schwamm – Siphon-sponge – *Siphonochalina siphonella*

## Pracht-Feuerschwamm — Magnificant fire sponge

*Latrunculia magnifica*

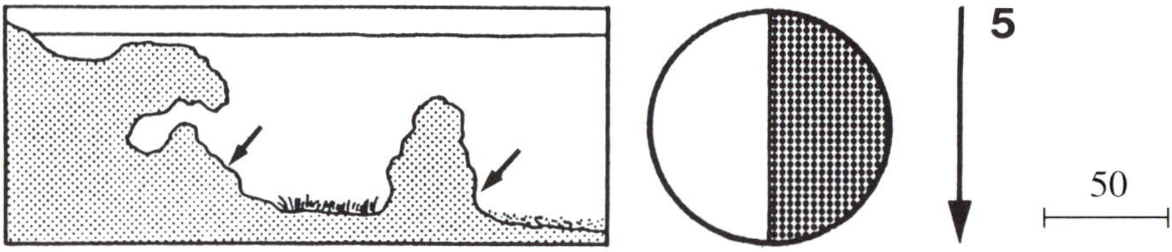


Dieser schöne, baumförmige Schwamm hat starke, drehrunde Äste mit abgerundeten Spitzen. Seine glatte Oberfläche ist dicht mit feinen Poren übersät. Die Ausströmöffnungen sind oval und kraterförmig erhoben; **stark giftig!**

This tree-shaped sponge has strong branches with rounded trips. The smooth surface has many tiny pores. The oscula are oval and they are raised like craters. **Poisonous!**

## Roter Spiral-Schwamm — Red spiral sponge

*Spirastrella inconstans*

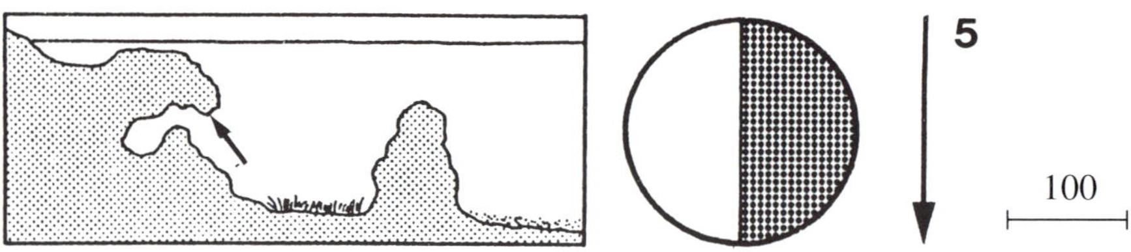


Dieser krustenförmige Schwamm überzieht größere Flächen toter Korallenfels-Wände; typisch ist die spiralförmige Anordnung der Wasserkanäle, die zu den Ausströmöffnungen führen. Man findet ihn häufig an schattigen Plätzen.

This thin, encrusting sponge covers large areas of dead coral rocks. It has conspicuous, spirally arranged water channels leading to the oscula. It is abundant in shady areas.

Pracht Feuerschwamm – Magnificant fire sponge – *Latrunculia magnifica*

Roter Spiral-Schwamm – Red spiral sponge – *Spirastrella inconstans*

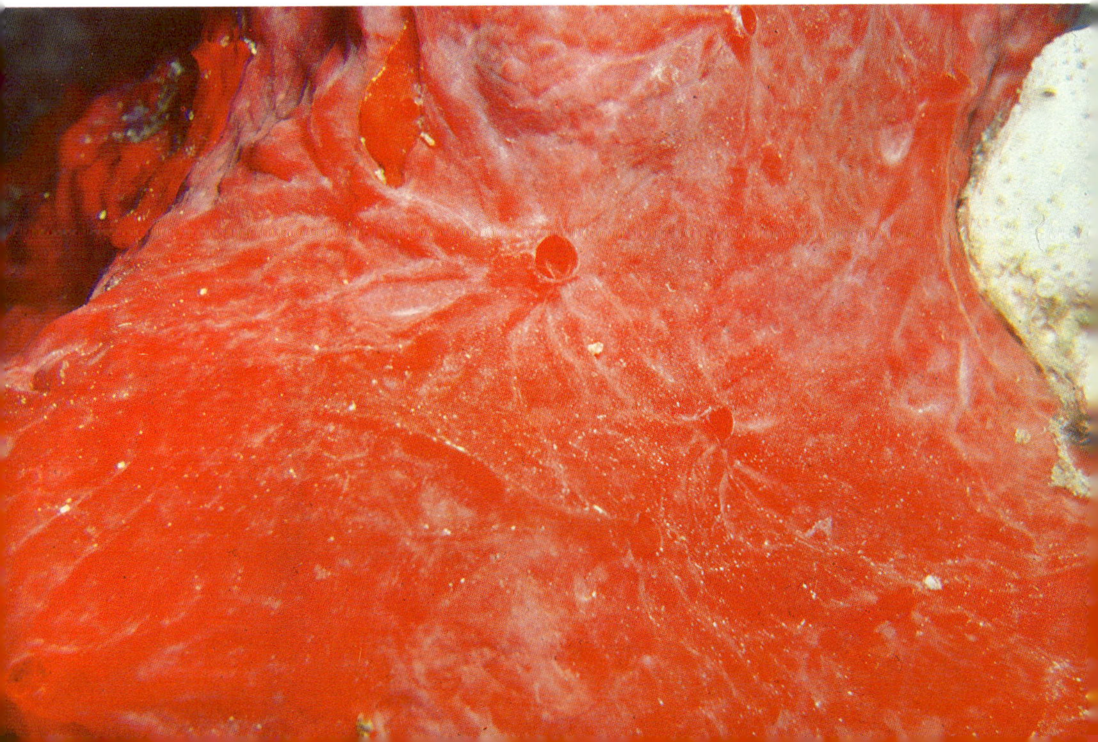

## QUALLEN JELLY FISHES SCYPHOZOA, CTENOPHORA

**Schirmquallen** haben einen flachen bis stark gewölbten Körper. Der Schirmrand ist oft mit zahlreichen Tentakeln besetzt, und die Mundöffnung läuft in gekräuselte Arme aus. Sie enthalten Millionen von Nesselkapselzellen, die bei Berührung explodieren und einen giftgefüllten Schlauch ausschleudern, der in die Haut des Opfers dringt. Der massive Schirm pulsiert, dabei entsteht ein Wasserstrahl, der die Tiere vorwärts treibt. **Rippenquallen** schwimmen dagegen mittels ihrer Ruderplättchen, die auf der Oberfläche ihres blasenförmigen Körpers stehen. Einige Arten haben 2 lange Tentakeln. Keine Nesselkapseln!

**Umbrella jellies** have a bellor umbrella-shaped body that bears numerous tentacles, hanging down from the edges, or around the central mouth. They contain millions of highly specialized cells (nematocystes) which contain threads filled with poison; they explode when touched. The massive umbrella is capable of pulsating, creating effective jets of water, pushing the bell forward. In contrast, **comb jellies** swim by beating their cilia, they are arranged in comblike clusters on the surface of the bell. Some species have two tentacles, but they lack nematocystes.

### Andromeda-Qualle Andromeda sea jelly
### *Cassiopeia andromeda*

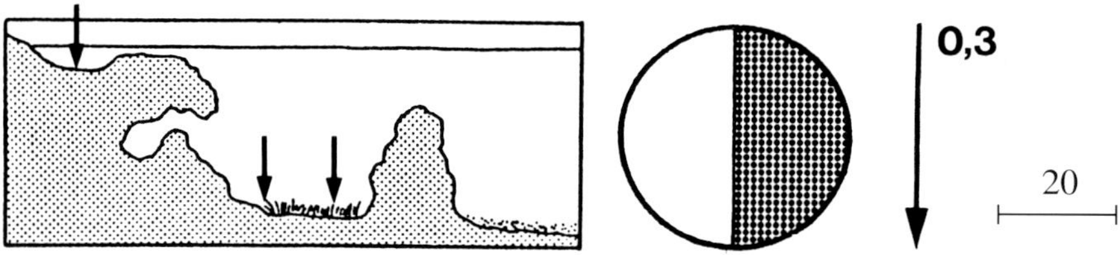


Eine Qualle mit ungewöhnlichem Verhalten, da sie meist mit den Tentakeln nach oben auf dem Grund liegt und selten im Wasser umherschwimmt. Ihre flache Glocke trägt blasenförmige Mundtentakel, mit symbiontischen Algen, welche die Qualle mit Nährstoffen versorgen. **Stark nesselnd!**

A jelly fish with an unusual behaviour, resting on the sea bottom with its tentacles uppermost, than swimming in the water. Its flattened bell bears mouth tentacles which contain symbiontic algae from which the jelly fish supplements its diet. **Stings!**

# SCYPHOZOA, CTENOPHORA

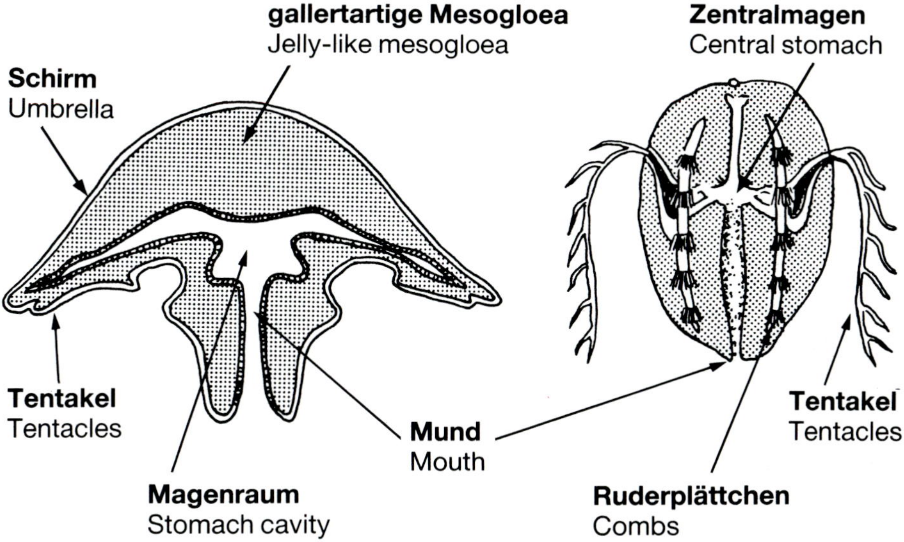


Andromeda-Qualle – Andromeda sea jelly – *Cassiopeia andromeda*

**Ohrenqualle** | **Ear sea jelly** | ***Aurelia aurita***

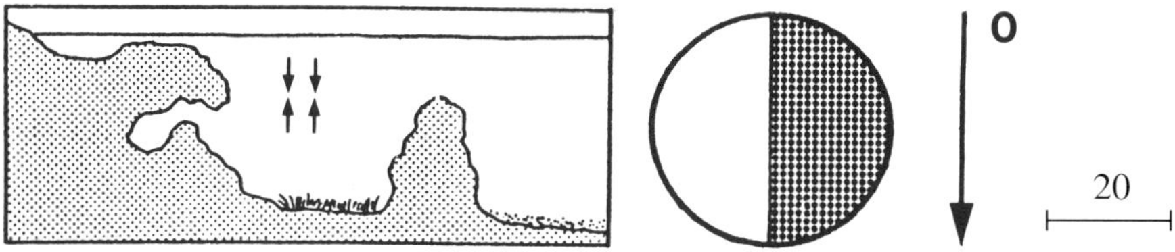


Diese Qualle hat eine schirmförmige Glocke mit zahlreichen randständigen, fädigen Tentakeln und vier ohrförmigen Ringen im Zentrum; sie frißt Plankton, das mit Hilfe der Tentakel in der Nähe der Wasseroberfläche gefangen wird.

Its flat umbrella is marked with four ear-like rings in the center. The umbrella is fringed with many fine tentacles which catch plankton as the jelly fish swims near the water surface.

**Venus-Gürtel** | **Venus girdle** | ***Cestum veneris***

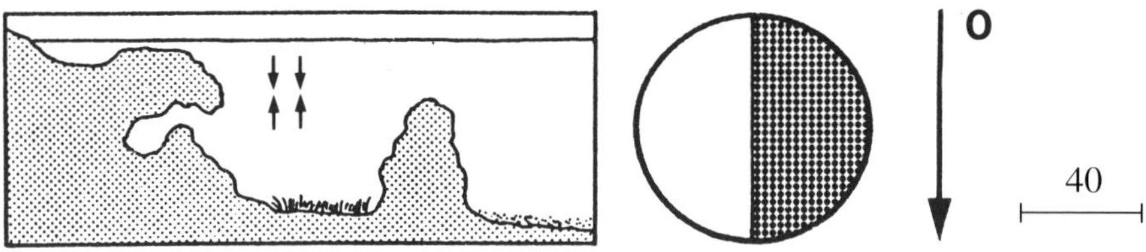


Eine Rippenqualle mit einem bandförmigen Körper; sie schwimmt mit schlängelnden Bewegungen dicht unter der Wasseroberfläche. Planktonfresser.

This comb-jelly is shaped like a belt and swims with wave-like movements near the surface where it feeds on plankton.

Ohrenqualle – Ear sea jelly – *Aurelia aurita*

Venus-Gürtel – Venus girdle – *Cestum veneris*

## SEEMOSE HYDROIDS HYDROIDEA

Seemose sind enge Verwandte der Quallen, denn sie verbringen einen Teil ihres Lebens als winzige, schirmförmige Medusen. Sie fallen erst auf, wenn sie als moosartige, fedrige Kolonien auf Korallenblöcken vorkommen. Jeder Zweig der Kolonie trägt zahlreiche Polypen, die wiederum mit stark nesselnden Tentakeln ausgestattet sind. Die Polypenform produziert Medusen, kleine Quallen, die schwimmen. Medusen legen Eier, woraus sich nach Befruchtung wiederum Polypen entwickeln, welche nach Knospung zu verzweigten Kolonien heranwachsen.

These relatives of the jelly fish spend part of their lives as tiny, umbrella-shaped medusae, but are most noticed, when they grow in a moss-like or feather-like form, attached to the firm surface. Each branch of the colony has numerous polyps, topped with tentacles, armed with stinging cells. The polyp-form produces medusae that swim. These lay eggs that turn into polyps, that grow into branching colonies by budding.

### Philippinenmoos White stinging sea fan *Lytocarpus philippinus*

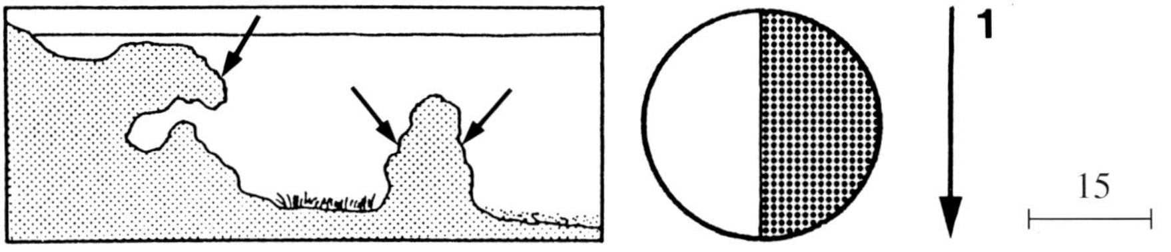


Dieser Polypenstock besteht aus vielen federförmigen Zweigen, welche schneeweiße, stark nesselnde Polypen tragen. Als Standort bevorzugt er schattige Riffwände. **Vorsicht vor Verbrennungen!**

A highly branched colony with white polyps; abundant on dead coral surfaces in shady areas: **Attention, it can sting painfully!**

# HYDROIDEA

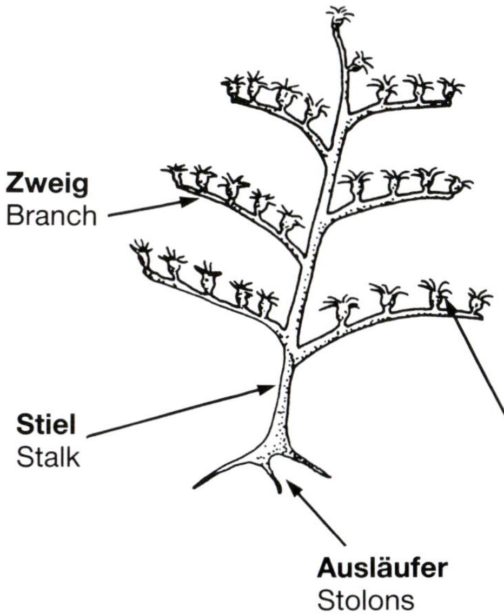


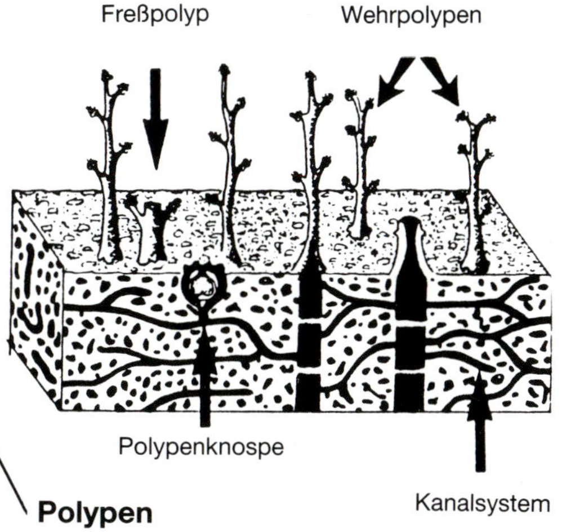


Philippinenmoos – White stinging sea fan – *Lytocarpus philippinus*

## Platten-Feuerqualle — Slab fire coral — *Millepora platyphylla*

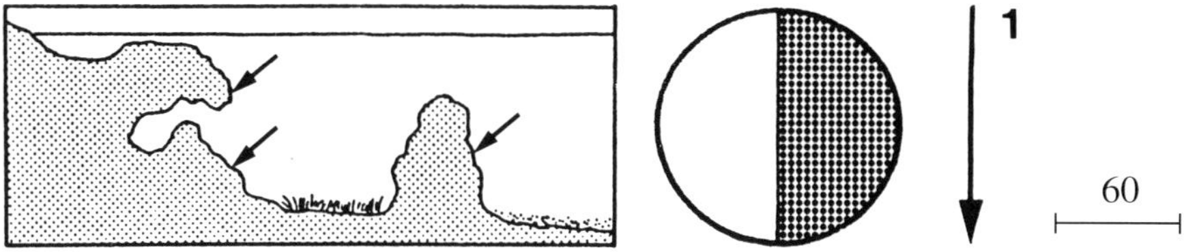


Charakteristisch ist die plattenförmige Wuchsform mit warziger Oberfläche, wodurch diese Tierkolonie leicht von den anderen Feuerkorallen zu unterscheiden ist. Die Polypen entspringen winzigen Löchern, im Gegensatz zu Steinkorallen, welche strukturierte Polypenkelche haben.

Most characteristic is the plate-like growth form with a warty surface that renders this coral easily distinguishable from other fire corals. Fire corals look like stone corals, but their polyps do not leave any pattern in their cups where they grow.

## Netz-Feuerkoralle — Net fire coral — *Millepora dichotoma*

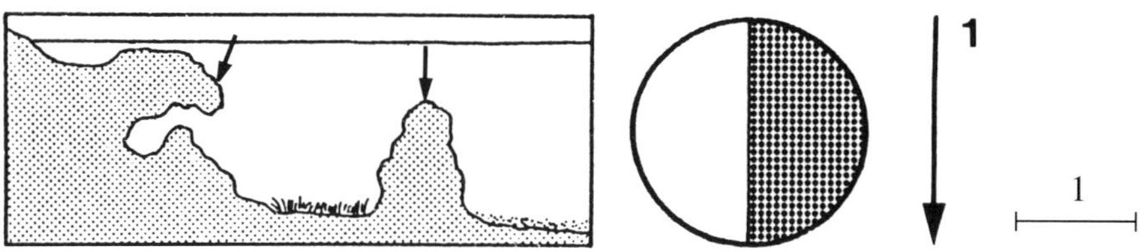


Die großen netzförmig durchbrochenen Fächer stehen oft parallel zueinander senkrecht in der Strömung. Besonders die weißen, gabeligen Spitzen sind mit vielen haarförmigen, stark nesselnden Polypen besetzt. **Vorsicht vor Verbrennungen!**

These large lace-like fans grow mostly parallel to each other and vertical to the current. The branches of this coral reveal tiny tube-like polyps with stinging cells. **Don't touch!**

Platten-Feuerqualle – Slab fire coral – *Millepora platyphylla*

Netz-Feuerkoralle – Net fire coral – *Millepora dichotoma*

## LEDERKORALLEN LEATHER CORALS ALCYONACEA

Lederkorallen haben einen fleischigen, ledrigen Körper mit einem weitverzweigten Kanalsystem; es endet an der Oberfläche in hochspezialisierten Polypen, welche als winzige Pumpen wirken. Durch Ein- oder Auspumpen von Wasser kann die Form und Größe der Kolonie beträchtlich variiert werden. Das Skelett besteht aus Kalknadeln, die oft bündelweise zusammengefaßt sind. Die Freßpolypen haben acht fedrige Tentakeln (Octocorallia) und stehen einzeln oder gruppenweise verteilt auf der ledrigen Oberfläche. Bei einigen Arten können sie völlig eingezogen werden.

Soft corals are fleshy or leathery structures resembling corals. They are colonies of specialized polyps, some of which work as water pumps that can change the size and shape of the colony considerably. The feeding polyps have eight tentacles, which identify soft corals as Octocorallia. They occur all over the surface of the colony, like little flowers, but in some species can be retracted. The soft skeleton contains calcareous spicules.

### **Schwefelkoralle** **Sulfur coral** ***Parerythropodium fulvum***

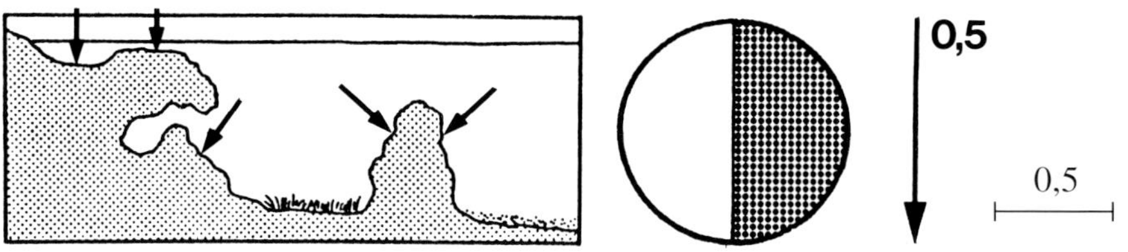


Eine membranöse Kolonie, die weitflächige Überzüge auf toten Korallenblöcken bildet. Die Polypen sind vollständig einziehbar. Vorzugsweise an sonnigen Plätzen.

A membranous colony that covers large areas of dead stone corals. The polyps are completely retractable. It prefers sunny areas.

# ALCYONACEA

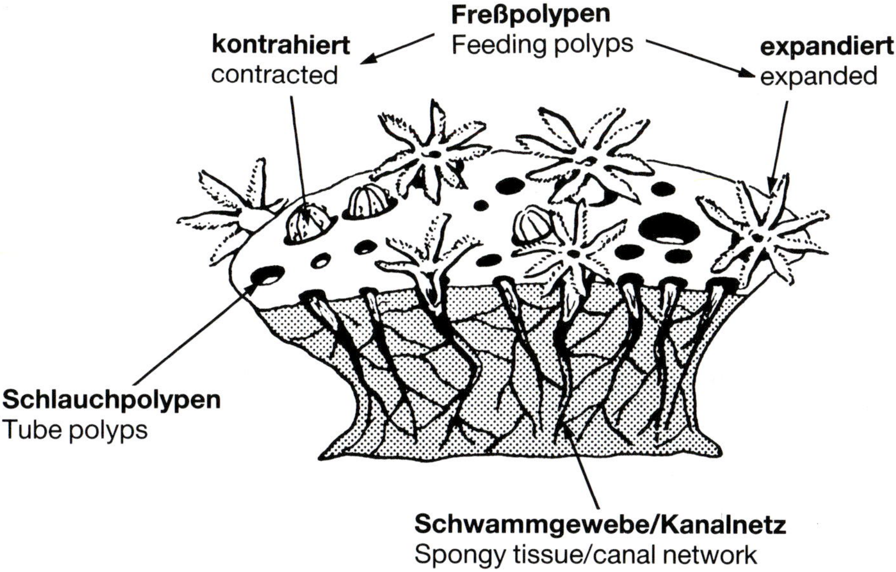


Schwefelkoralle – Sulfur coral – *Parerythropodium fulvum*

## Brokkoli-Koralle | Broccoli coral | *Lithophytum arboreum*

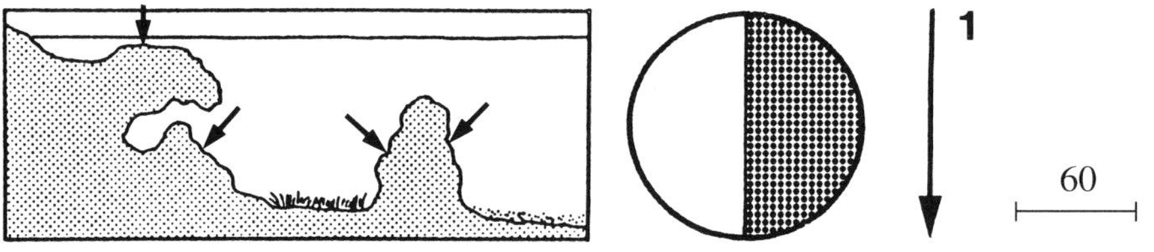


Eine buschige Kolonie mit glatten, schlaffen Stämmchen, die an der Spitze stark verzweigen. Tagsüber bleiben die Polypen kontrahiert. Ihr dichtes Astwerk bietet ideale Versteckmöglichkeiten für Jungfische und Schlangensterne. Sehr häufig!

The shrub-like colonies have smooth, limp stalks that branch at the top. During most of the daytime the polyps remain contracted. Their branches form ideal hiding places for small fishes and brittle stars. Very abundant!

## Gestauchte Lederkoralle | Compressed leather coral | *Sinularia sp.*

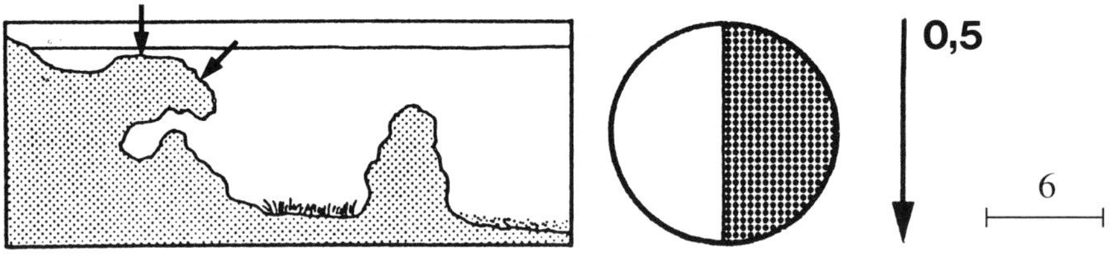


Diese Kolonie besteht aus stark gestauchten, lappigen Stämmchen mit kurzen Polypen. Sie bildet sehr dichte, flächendeckende Bestände. Starke Variationen in der Wuchsform und sehr artenreich.

This colony consists of compressed, lobed stems, that cover large areas. Great diversity in form and species.

Brokkoli-Koralle – Broccoli coral – *Lithophytum arboreum*

Gestauchte Lederkoralle – Compressed leather coral – *Sinularia sp.*

## Plapperkoralle  Chatter coral  *Heteroxenia fuscescens*

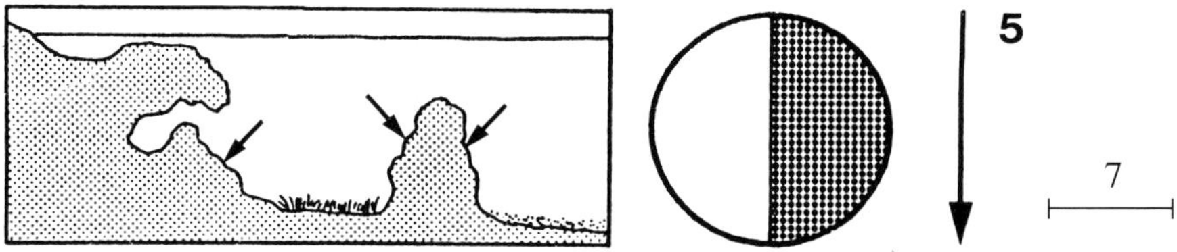


Die Kolonie besteht aus kurzen, gewöhnlich unverzweigten Stämmchen mit bis zu 5 cm langen, einziehbaren Polypen. Ihre federförmigen Tentakeln schließen und öffnen sich simultan bis zu 40mal/min. Eng verwandt ist die **Straußenfeder-Koralle** *(Xenia)* mit schneeweißen Tentakeln und unverzweigten Stämmen.

This colony usually do not branch. Its column bears long retractable polyps (5 cm) with feathery tentacles, that contract simultaneously (40 times/min.). They ar often together with the closely related, but branched **ostrich feather coral** *(Xenia)*.

## Pfifferling-Koralle  Velvet leather coral  *Sarcophyton glaucum*

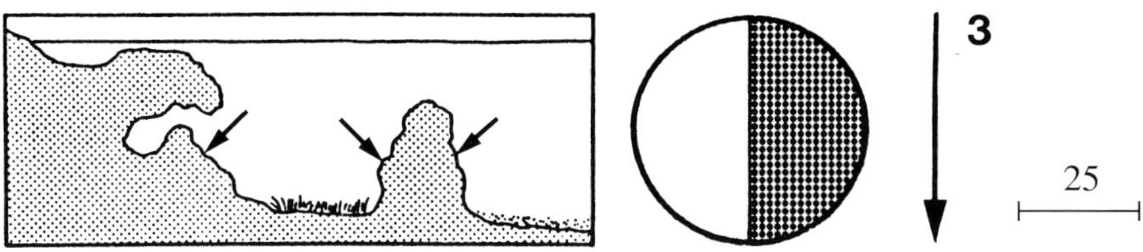


Diese pilzförmige Kolonie hat einen dicken Stamm und einen lappigen Hut. Nur die Oberfläche des Hutes ist mit langen, vollständig einziehbaren Polypen besetzt (glatte Hüte). Sehr auffällig!

This mushroom-shaped colony is topped with long polyps that are completely retractable (naked hats). Very conspicious!

Plapperkoralle – Chatter coral – *Heteroxenia fuscescens*

Pfifferling-Koralle – Velvet leather coral – *Sarcophyton glaucum*

## Klunzinger's Lederkoralle — Klunzinger's soft coral

*Dendronephtya klunzingeri*

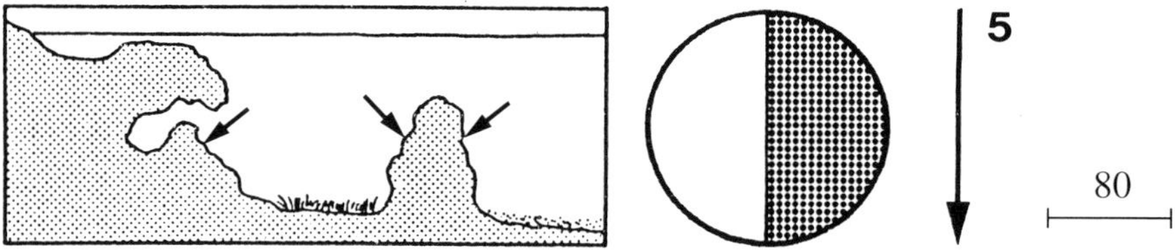


Diese wunderbare Tierkolonie gleicht einem Miniaturbaum. Die Polypen stehen bündelweise auf dem Körperstamm; sie können nicht eingezogen werden. Der transparente Körper enthält wunderschön gefärbte Kalknadeln. Nachts dehnt sich der Körper aus, bevor die Polypen Plankton fangen.

These wonderful, branched colonies resemble miniatures trees. The nonretractable polyps occur in clusters on the stem. The transparent body is reinforced by colorful calcite spicules. The colonies expand at night to catch plankton.

## Runzelige Lederkoralle — Wrinkled soft coral

*Scleronephtya corymbosa*

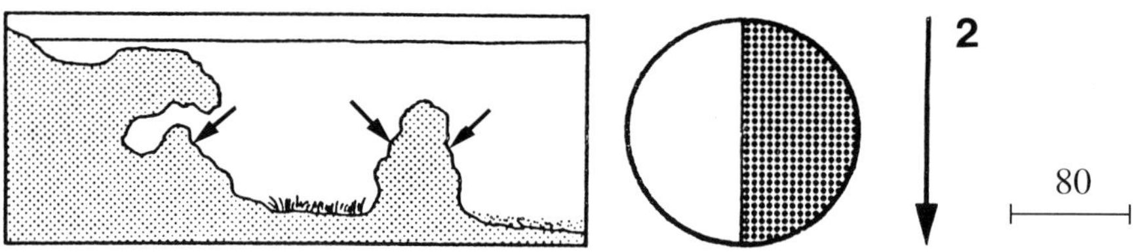


Diese Kolonie ist in der Nacht genauso stark verzweigt wie Klunzinger's Baumkoralle. Tagsüber hängt sie stark geschrumpft unter Überhängen.

This one is like Klunzinger's tree coral, but the body becomes wrinkled during the day. Found under overhanging rocks.

Klunzinger's Lederkoralle – Klunzinger's soft coral – *Dendronephtya klunzingeri*

Runzelige Lederkoralle – Wrinkled soft coral – *Scleronephtya corymbosa*

## Trug-Gorgonie **False gorgonia** *Siphonogorgia mirabilis*

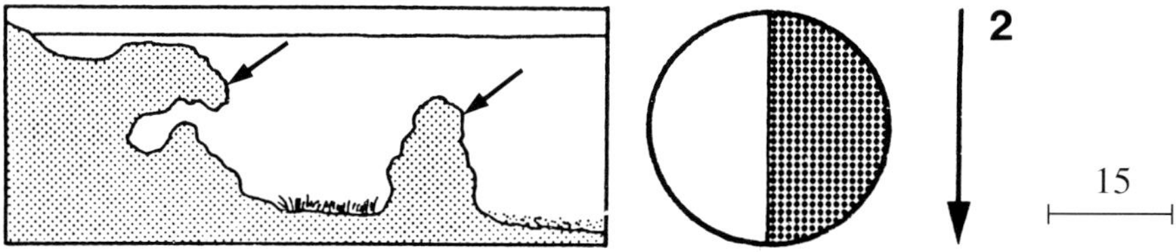


Diese wunderbare, baumförmige Kolonie ähnelt einer Hornkoralle. Die zentrale Achse fehlt. Das Stammgewebe enthält dafür lange Kanäle und viele Kalknadeln, die miteinander verbacken sind. Die warzigen Kelche stehen regelmäßig über die Oberfläche verteilt. Weiße Varianten. Häufig in Spalten!

These delicate tree-shaped colonies resemble gorgonians, but they don't have a central axis. Their branches contain many small spicules and long tubular channels. The polyps project from warty cups (calices). Regularly abundant in crevices!

## Orgelkoralle **Organ pipe coral** *Tubipora musica*

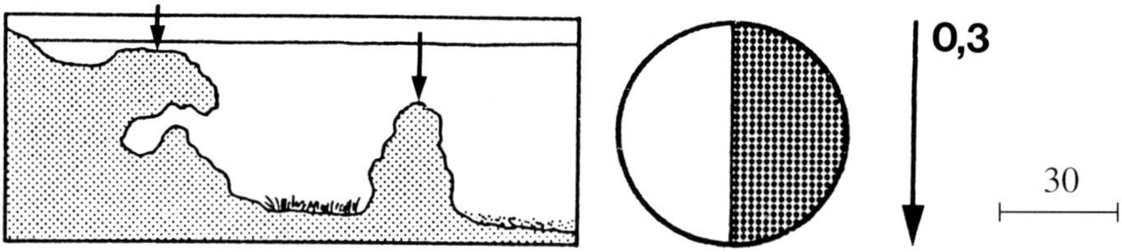


Diese Koralle besteht aus orgelpfeifenartig angeordneten Kalkröhren, die mehrere Stockwerke bilden. Das rote Skelett ist gewöhnlich von den gräulichen Polypen verdeckt.

The stony colony of this Octocorallia consists of parallel rows of interconnected bright red tubes, resembling miniature organpipes. This skeleton is usually hidden under the grayish polyps.

Trug-Gorgonie – False gorgonia – *Siphonogorgia mirabilis*

Orgelkoralle – Organ pipe coral – *Tubipora musica*

## HORNKORALLEN HORNY CORALS GORGONACEA

Hornkorallen (Gorgonien) bilden meist Fächer in einer Ebene aus. Eine Platte aus verschmolzenen Zweigen verankert den Hauptstamm am Untergrund. Im Zentrum der Zweige verläuft eine flexible Achse aus einem hornartigen Protein, welches vom darüberliegenden Gewebe abgeschieden wird. Dort sind auch die mannigfaltig gestalteten Kalknadeln eingebettet, die zur Artbestimmung dienen. Die kurzen, achtstrahligen Polypen (Octocorallia) stehen über die gesamte Oberfläche der Zweige verteilt. Sie können sich vollständig in die mehr oder weniger warzig erhobenen Kelche einziehen.

Sea fans and their relatives are called horny corals, because they have a tough, flexible skeleton made of gorgonin, a horn-like protein. The skeleton is covered by living tissue, that contains highly structured calcareous spicules, useful for the identification of species. The polyps, each with eight tentacles, are usually retracted during the day in wart-shaped calices.

### Hickson's Riesenfächer — Hickson's giant fan

*Subergorgia hicksoni*

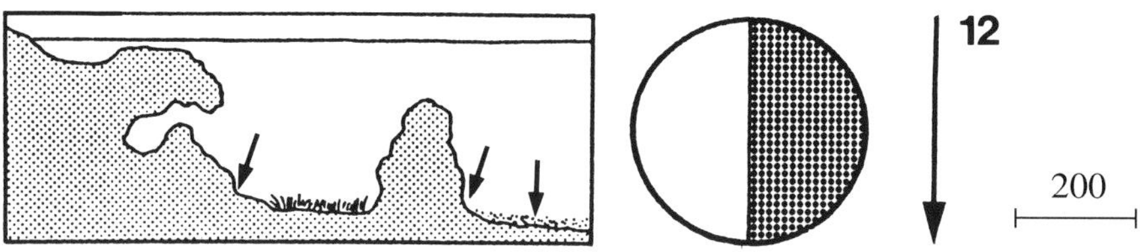


Dieser eindrucksvolle, mannshohe Fächer steht vorzugsweise an Steilwänden, senkrecht zur Strömung. Viele seiner Zweigenden sind miteinander verschmolzen und bilden sogenannte Anastomosen. Die Polypen sind tagsüber eingezogen.

This impressiv, giant fan grows in one plane vertical to the prevailing current. Many of its branches are fused, forming so called anastomoses. The polyps are retracted during the day.

# GORGONACEA

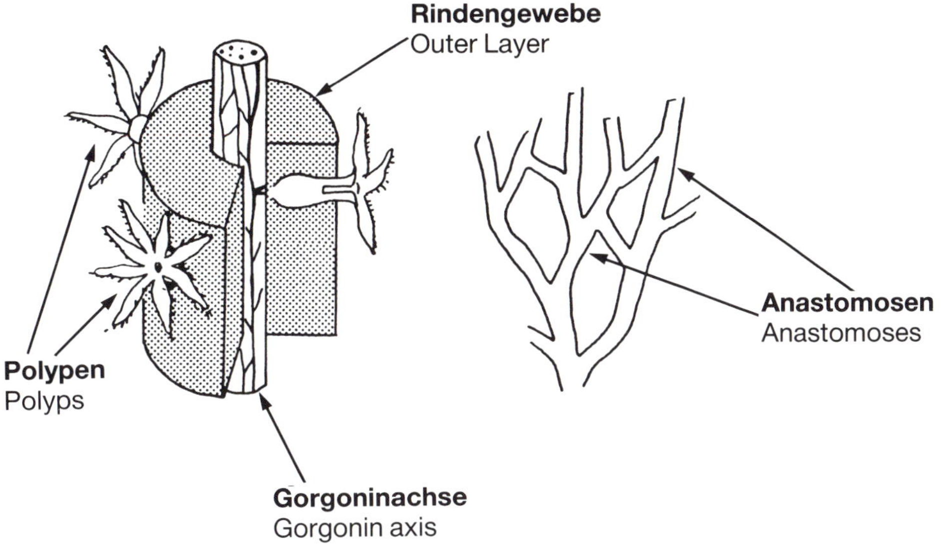


Hickson's Riesenfächer – Hickson's giant fan – *Subergorgia hicksoni*

## Spröder Netzfächer  Fragile net fan  *Acabaria splendens*

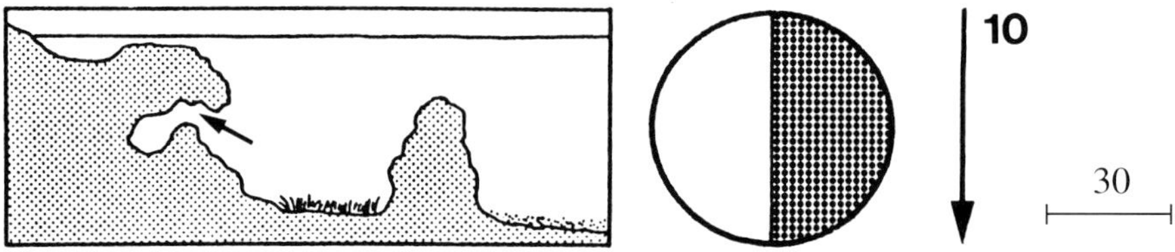


Dieser Fächer bildet ein lockeres Netzwerk aus dünnen, zerbrechlichen Zweigen (Anastomosen!). Die erhobenen Kelchwarzen stehen wechselständig auf der Oberfläche. Nur in ruhigen Wasserzonen. Rote Farbvarianten. Eng verwandt ist die rote, buschförmige **Riffdach-Gorgonie** *(A. pulchra)*, welche in Spalten des Riffdaches vorkommt.

The fan of this fragil horny coral forms a loose network. The polyps alternate along the branches, giving them a warty appearance. It lives in clam waters. A similar, but bushy kind the red **Reef Crest Fan** *(A. pulchra)*, grows in crevices of the reef crest.

## Rotknoten-Kornkoralle  Red noded horny coral
*Clathraria rubrinodis*

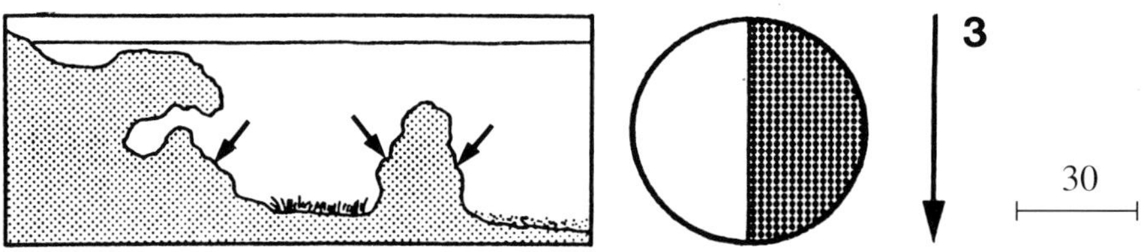


Charakteristisch ist die buschartige Form, mit stielrunden gabeligen Zweigen, welche von dicken Knoten ausgehen. Diese haben ein rotes Skelett (Name!). Ohne Anastomosen!

Most characteristic is the shrub-like form, that differs this horny coral from its relatives. The forked branches never interconnect, projecting from nodes, that have a red skeleton (name!).

Spröder Netzfächer – Fragile net fan – *Acabaria splendens*

Rotknoten-Kornkoralle – Red noded horny coral – *Clathraria rubrinodis*

## **Lichter Grottenfächer** **Warty sea fan** ***Muricella sp.***

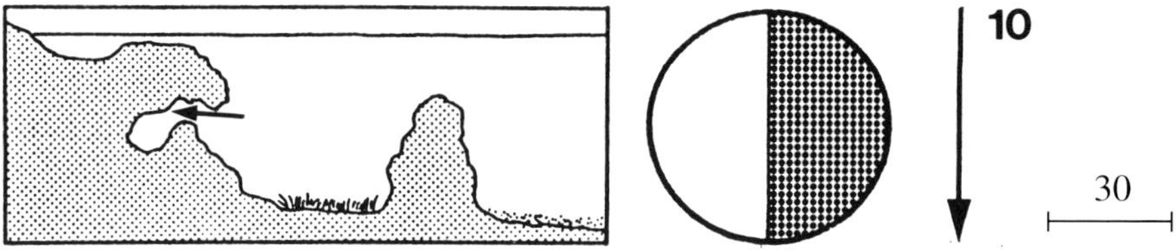


Ihre locker verzweigten Äste stehen unterschiedlich stark verzweigt in einer Ebene. Die Zweige stehen weitwinkelig ab und haben selten Anastomosen. Die Polypen-Kelche sind kegelstumpfartig ausgebildet. Eine ähnliche Art, der **Grotten-Fächer** *(Bebryce hicksoni)* hat starke knorrige Zweige mit warzigen Kelchen.

The flexible branches are at wide angles to the central stem and seldom interconnect. The polyps project from cone-shaped calices. A similar species, the **Burled cave fan** *(Berbryce hicksoni)*, found in shady caves, has burled branches with warty calices.

## **Bunter Grottenfächer** **Scratchy sea fan** ***Echinomuricea sp.***

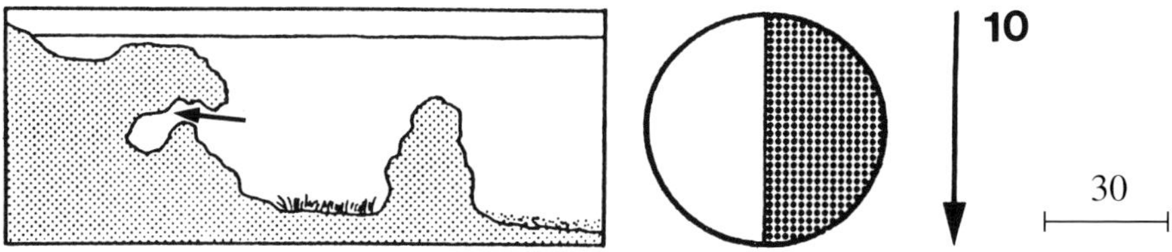


Ein farnförmiger Fächer mit sehr biegsamen, stacheligen Zweigen. Anastomosen sind selten. Die Polypen sitzen allseitig, meist sehr dicht gedrängt und sind in deutliche Kelche einziehbar. Häufig an strömungsreichen Höhlenöffnungen.

Spines, where the calices attach to the branches, make this species scratchy. The slender, flexible branches seldom interconnect, so it is more fern-like, than fan-like. The calices are densely arranged around the branches.

Lichter Grottenfächer – Warty sea fan – *Muricella sp.*

Bunter Grottenfächer – Scratchy sea fan – *Echinomuricea sp.*

## Gewundene Drahtkoralle — Coiled wire coral

### *Cirripathes anguina*

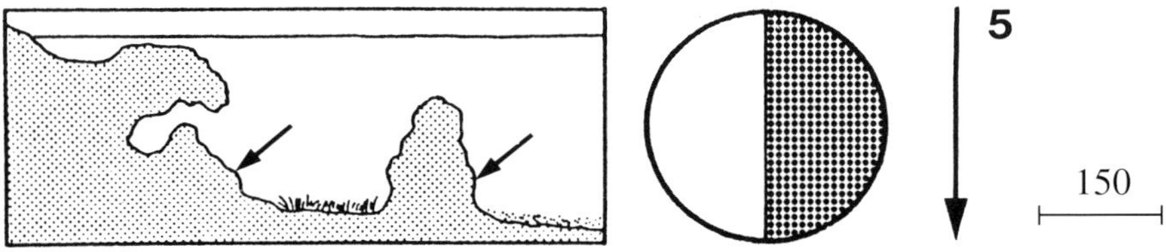


Die unverzweigte, drahtartige, dornige Kolonie **(Dörnchen-Korallen)** steht vorzugsweise an steilen Riffwänden. Im Gegensatz zu den Gorgonien enthält das Achsengewebe der Dörnchenkorallen keine Kalkkörperchen. Ihre einfachen Polypen haben sechs Tentakel, und sie sind wie die Borsten einer Flaschenbürste um den Stamm angeordnet.

The unbranched, thorny stem **(Thorny Corals)** of this tough, wire-like relative of the black coral, coils out from steeper reef faces. The polyps have six tentacles and are arranged around the stem like bristles of a bottle brush.

## Schwarze Koralle — Black coral — *Antipathes dichotoma*

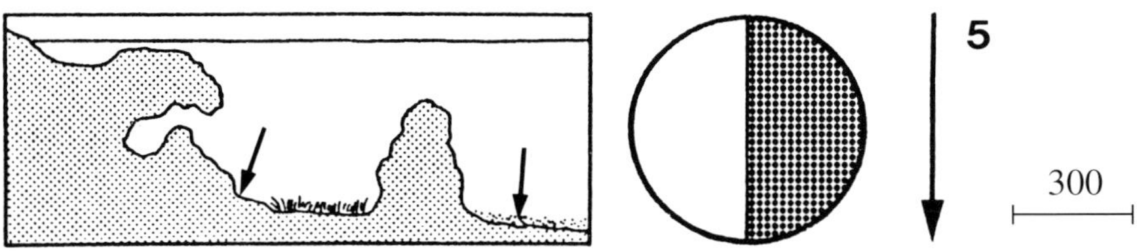


Diese große, buschartige **Dörnchen-Koralle** hat dünne, dornige Zweige mit einer stämmigen Basis. Das glänzende, schwarze Skelett wird zur Herstellung von Schmuck verwendet.

This large, shrub-like colony has slender, thorny branches, but the base of the stalk is thick and tough. The shiny-black skeleton is used to make jewelery. This species belongs also to the **Thorny Corals.** In contrast to the gorgonians they don't have spicules and their polyps bear only six tentacles.

Gewundene Drahtkoralle – Coiled wire coral – *Cirripathes anguina*

Schwarze Koralle – Black coral – *Antipathes dichotoma*

## SEEANEMONEN SEA-ANEMONES ACTINARIA

Anemonen haben einen zylinderförmigen, muskulösen, weichen Körper ohne Skelettelemente. Er haftet normalerweise fest am Untergrund; bei Störung zieht er sich stark zusammen, wobei Mund und Tentakel eingestülpt werden. Die nesselnden, in der Regel röhrenförmigen Tentakel umgeben die schlitzförmige Mundöffnung im Zentrum der Mundscheibe. Sie sind stark ausgebreitet und fangen tierisches Plankton.

Anemones have a cylinder-shaped, muscular, soft body without a skeleton. When disturbed the body contracts immediately to draw in tentacles and mouth. The stinging tentacles are tubular and surround the slit-like central mouth. They are widely extended to capture plankton.

### Koseir-Anemone Koseir-anemone *Radianthus koseirensis*

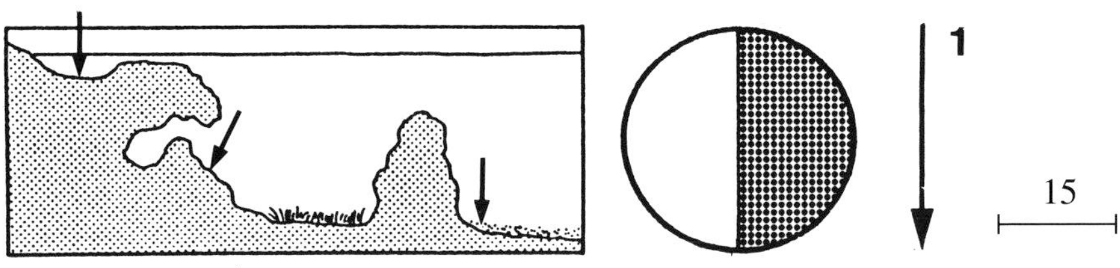


Diese Anemone ist teilweise im Sand eingegraben, nur die langen Tentakeln schauen gewöhnlich über die Oberfläche. Ihr Farbmuster kann beträchtlich variieren; denn es dient zur Tarnung. Bei grober Berührung verschwindet sie sofort im Untergrund.

This solitary anemone lives on sandy bottoms where its color varies to blend in with the background. Its base is attached deep in the sand and it disappears into a hole when touched.

# ACTINARIA

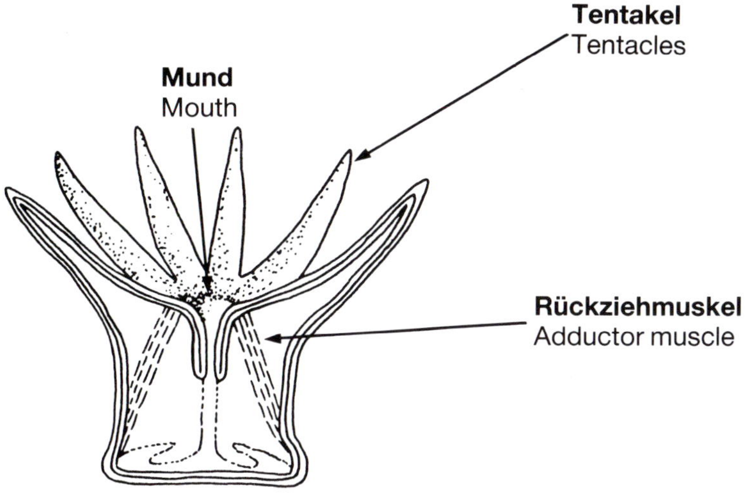


Koseir-Anemone – Koseir-anemone – *Radianthus koseirensis*

## Sonnen-Anemone Sun anemone *Gyrostoma helianthus*

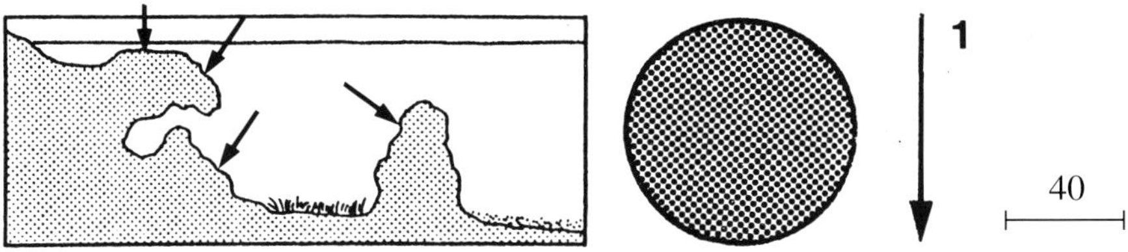


Eine sehr häufige Anemone mit bräunlichen, langen Tentakeln und einem ziegelroten Fuß, der meist in Spalten verklemmt ist. Sie lebt immer in Symbiose mit einem Pärchen **Anemonenfische,** *Amphiprion bicinthus*. Diese Fische werden im Gegensatz zu anderen nicht genesselt.

A very abundant anemone with long undulating tentacles and a reddish body which stucks in crevices. Usually there is a pair of **clown fish** *(Amphiprion bicinthus)* living among its tentacles. The tentacles sting other fish but shelter the clowns.

## Keulen-Anemone Bottle anemone *Gyrostoma quadricolor*

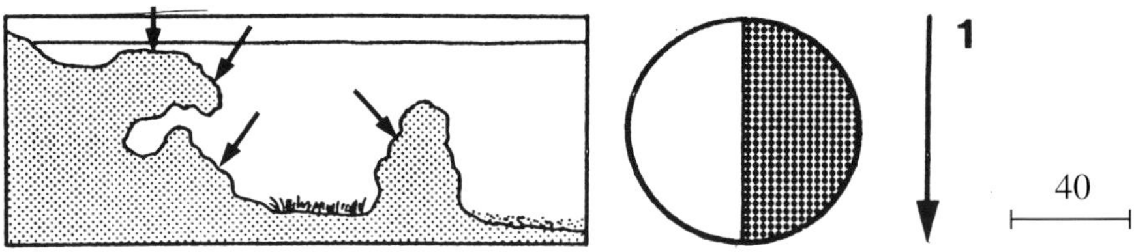


Eine eng verwandte Form der Sonnen-Anemone; sie wächst im gleichen Lebensraum; sie unterscheidet sich deutlich durch die Form ihrer Tentakel, welche keulenförmig ausgebildet sind. Auch sie lebt in Symbiose mit **Anemonenfischen.**

A closely related form with bottle-shaped tentacles, living in association with **clown fishes.**

Sonnen-Anemone – Sun anemone – *Gyrostoma helianthus*

Keulen-Anemone – Bottle anemone – *Gyrostoma quadricolor*

## Wulstige Klebe-Anemone — Bulged sticky anemone
***Cryptodendrum adhesivum***

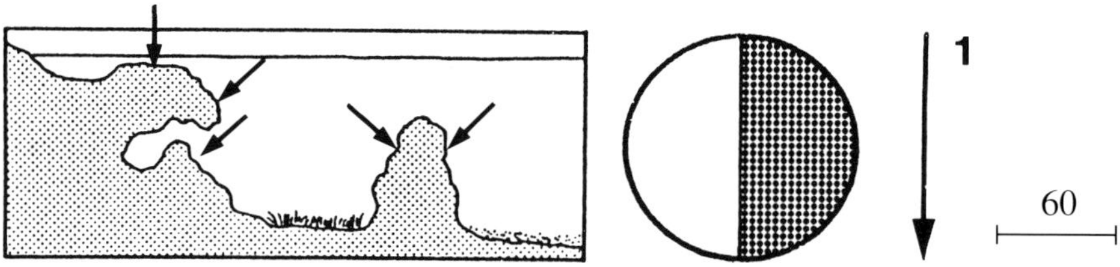


Ein tellerförmiges Einzeltier mit wulstigen Rändern, welche oft stark eingefaltet werden. Die kurzen mehrfach verzweigten Tentakel stehen dicht gedrängt; die Äußeren bleiben an den Fingern kleben. Bei grober Berührung verschwindet das Tier sofort in einer Spalte. Häufig in Symbiose mit der **Blasenkopf-Garnele,** *Periclimenes brevicarpalis.*

It looks like a wavy-edged plate and bears multiple branched short tentacles with stick to the fingers. The animal draws back in crevices when touched. There are often a pair of **Bubble Head Shrimps,** *Periclimenes brevicarpalis,* living on its surface.

## Dreiaktinie — Bubble anemone — *Triactis producta*

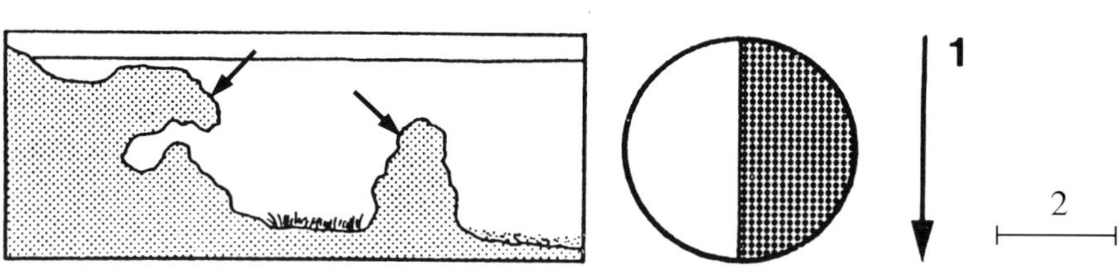


Die trichterförmigen Tiere bilden flächendeckende Kolonien; der Trichterrand ist mit ovalen Blasen besetzt. Erst bei Dunkelheit strecken sie ihre langen weißen Tentakeln aus. **Stark nesselnd!**

These funnel-shaped anemones form large colonies. Their margins bear oval bubbles. At night they send out long, white tentacles. **Stings are painful!**

Wulstige Klebe-Anemone – Bulged sticky anemone – *Cryptodendrum adhesivum*

Dreiaktinie – Bubble anemone – *Triactis producta*

## Gebänderte Zylinderrose — Banded tube anemone

***Cerianthus mana***

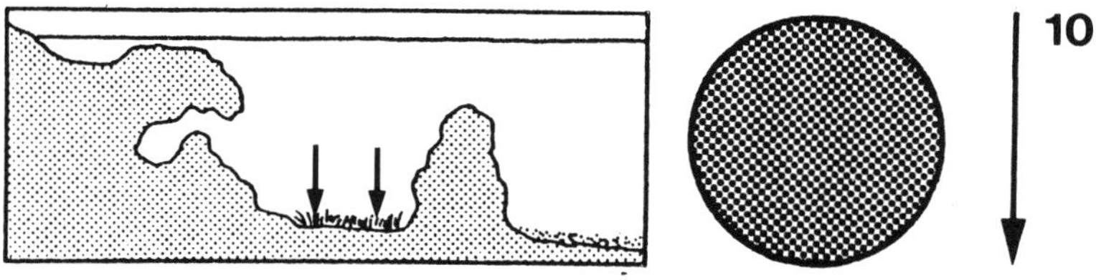


Eine Anemone mit einem wurmförmig verlängerten Körper; er scheidet eine ledrige Röhre ab, die mit schleimverklebten Sandkörnern besetzt ist. Sie hat lange, randständige, gebänderte Tentakel und kurze, die dicht um die Mundöffnung gruppiert sind. Bei Störung zieht sie sich sofort in ihre Röhre zurück.

The worm-like body of this anemone secretes a leathery tube of sand grains glued together with mucus. It has a fringe of long, banded tentacles with shorter ones around the mouth. When disturbed, it disappears instantly into its tube.

## Ledrige Krustenanemone — Leathery colonial anemone

***Palythoa tuberculosa***

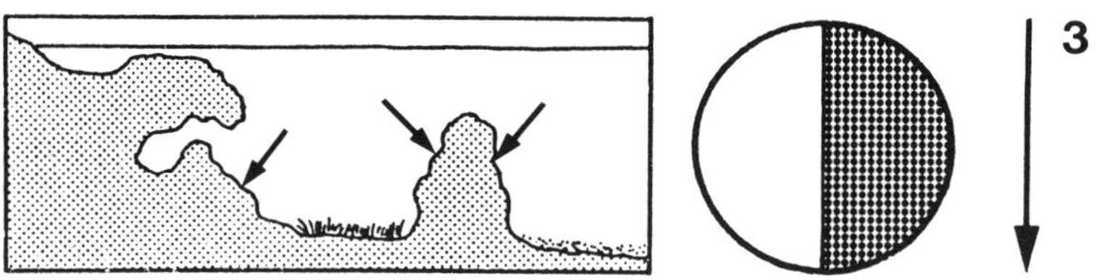


Flache, ledrige, genoppte Matten auf toten Korallenblöcken. Die trompetenförmigen Polypen haben kleine zahnartige Tentakel. Das Gewebe enthält Palytoxin, ein höchst wirksames Herzgift.

Colonies of flat, leathery anemones form mats on coral rocks. The polyps are trumpet-shaped with small tooth-like tentacles. The tissue contains a heart poison, called palytoxin.

Gebänderte Zylinderrose – Banded tube anemone – *Cerianthus mana*

Ledrige Krustenanemone – Leathery colonial anemone – *Palythoa tuberculosa*

## STEINKORALLEN STONE CORALS SCLERACTINIA

Jeder Polyp einer Steinkoralle scheidet ein Kalkskelett ab, wodurch mit der Zeit ein Korallenblock entsteht. Der einzelne Polyp sitzt in einem Kalksteinkelch, der durch artspezifisch strukturierte Leisten (Septen) unterteilt wird. Für die bunte Färbung lebender Korallenstöcke sind zum Teil einzellige Algen verantwortlich, die im Gewebe der Polypen als Symbionten leben. Sie stellen über Photosynthese Nährstoffe her, von denen beide, die Algen und die Korallen, profitieren. Zusätzlich fangen die Polypen nachts Plankton.

Stone corals create stoney masses as they grow. Each polyp secretes a limestone skeleton, forming a cup (calice) with a species specific pattern of radial plates (septa). Coral rocks consist of the skeleton of the polyps, some are solitary with a single cup, but most form colonies, with distinctive patterns of cups. The beautiful colors of living corals are, in part, due to symbiontic algae in the tissue of the polyps that through photosynthesis at daytime supplies food to the algae and the coral. At night, coral polyps feed on plancton.

### Knopf-Koralle Groved mosaic coral *Favia favus*

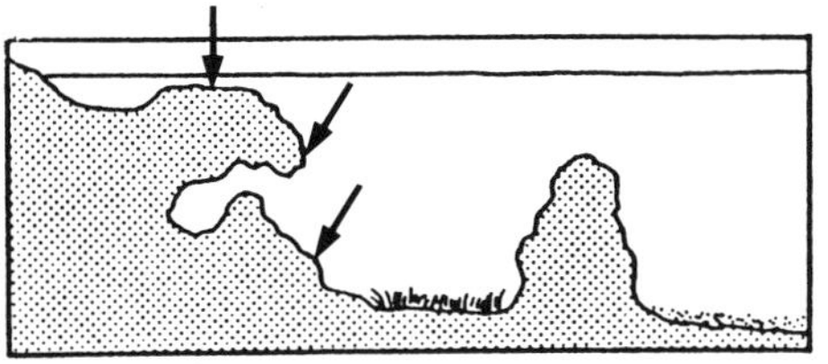

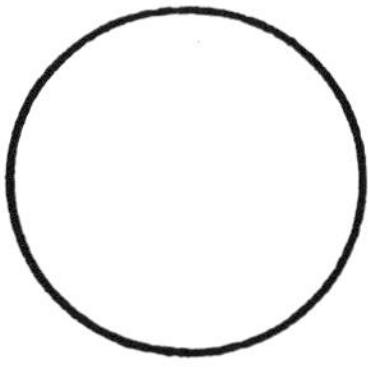

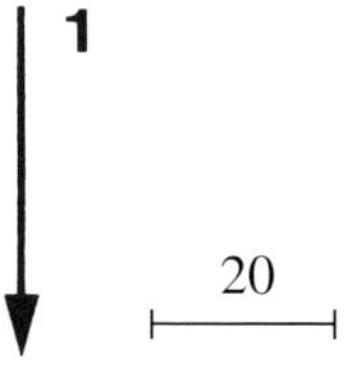


Massive, kuppelförmige oder krustenbildende Kolonie. Die ovalen, etwa 12–20 mm weiten Kelche sind über den Korallenblock erhoben und durch eine deutliche Furche getrennt. Neue Polypen bilden sich von der Kelchmitte oder vom Kelchrand aus. Grüne Farbvarianten. Fluoreszierend!

Massive, globe-shaped colonies or sometimes encrusting layers with oval cups, 12–20 mm across. The cups are raised above the surface of the coral rock and separated by deep grooves. Brown to greenish when alive. Fluorescent!

# SCLERACTINIA

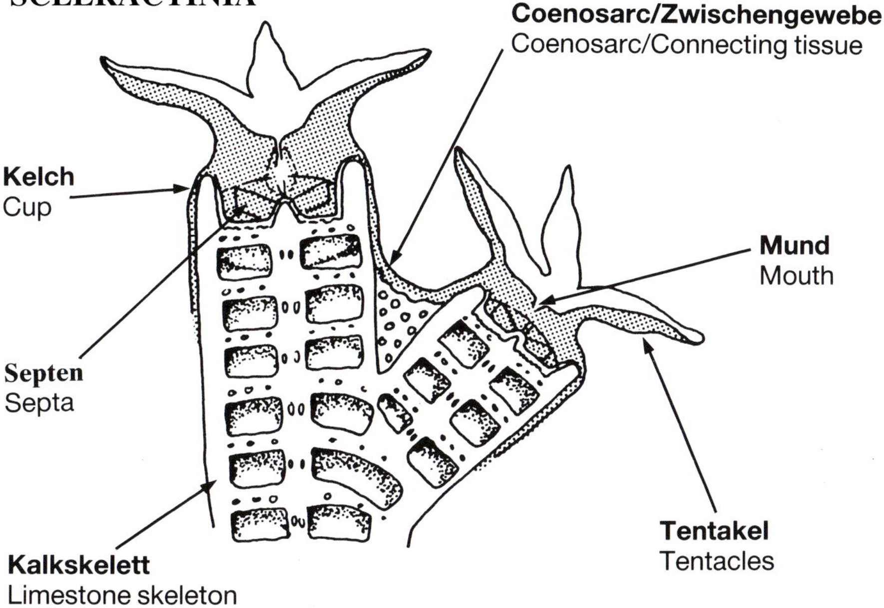


Knopf-Koralle – Groved mosaic coral – *Favia favus*

**Mosaik-Koralle** **Mosaic coral** ***Favites flexuosa***

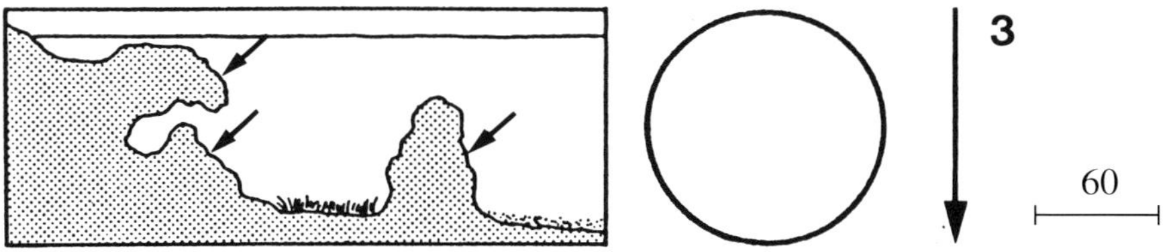


Massive, kugelige bis krustige Kolonie. Die vieleckigen, etwa 12–20 mm weiten Kelche gleichen Ofenkacheln, die fugenlos zusammenpassen. Das flache Kelchzentrum fluoresziert stark. Farbvarianten in Grün und Braun.

Massive hemispherical or encrusting colonies. Its large, flat cups (12–20 mm) are fitted like pieces of tile in a mosaic without grooves. In life, the color changes from gray through green to brown. Fluorescent.

**Hirnkoralle** **Brain coral** ***Platygyra lamellina***

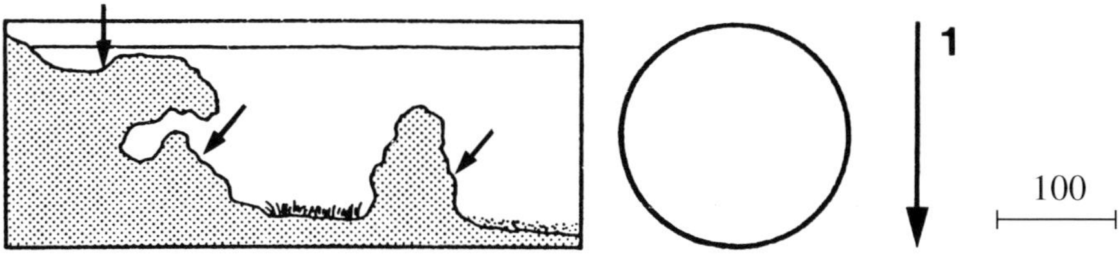


Massive, kugelförmige oder krustenbildende Kolonie. Typisch sind die hirnartigen Windungen (Name!) oder gratartigen Wälle zwischen den Kelchfurchen (3–6 mm weit) mit kurzen, kammförmig angeordneten Septen. Fluoreszierend.

Large dome-shaped or encrusting coral with a brain-like maze of valleys (3–6 mm across) all over its surface. The septa are comb-like arranged along the walls. Fluorescent.

Mosaik-Koralle – Mosaic coral – *Favites flexuosa*

Hirnkoralle – Brain coral – *Platygyra lamellina*

**Opale Blasenkoralle** **Opal bubble coral** ***Plerogyra sinuosa***

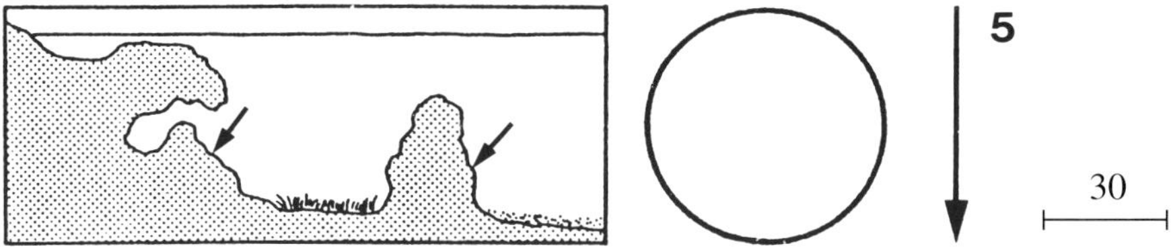


Hunderte von 1 bis 2 cm großen Blasen bedecken ein Skelett aus mäanderförmig angelegten tiefen Kelchreihen mit scharfen Septen. Nachts schrumpfen die Blasen, wobei zipfelige Tentakel erscheinen.

Hundreds of polyps, 1–2 cm across, form large bubbles on the surface of this coral in the daytime. At night, the bubbles shrink and develop tentacles. Their deep cups are fused to meanders with sharp septa. Photosynthesis by symbiontic algae is important to this coral.

**Rosenkoralle** **Rose coral** ***Lobophyllia corymbosa***

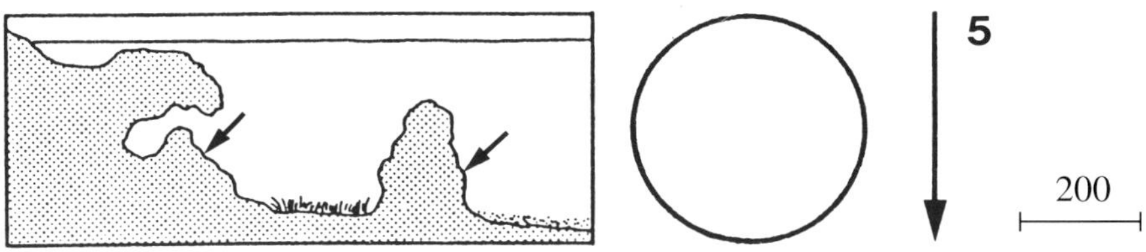


Große, domförmige Kolonie aus langen, massiven Ästen zusammengesetzt, welche an der Spitze einen großen, stark gezähnten Kelch (etwa 2–3 cm weit) tragen. Die ovalen Kelchwände sind teilweise stark verzogen.

This coral forms giant, dome shaped colonies with large cups (2–3 cm across), that grow out on long massive stalks. The oval cups bear strong teeth. Prefers sunny places.

Opale Blasenkoralle – Opal bubble coral – *Plerogyra sinuosa*

Rosenkoralle – Rose coral – *Lobophyllia corymbosa*

## **Berg-Koralle** **Mountain coral** *Porites lutea*

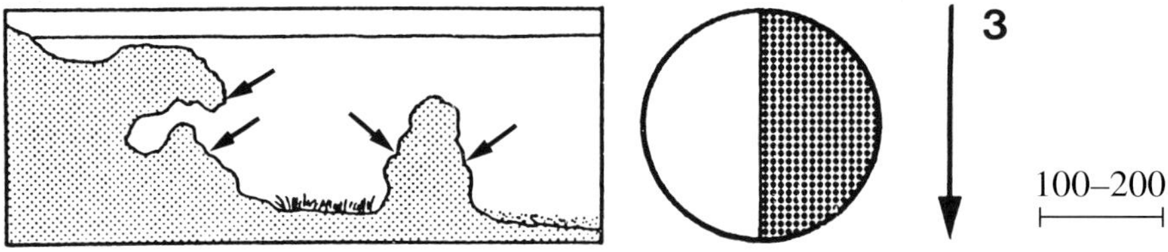


Eine flächige, wandbildende oder säulenförmige, massive Kolonie mit ziemlich glatter Oberfläche. Die kleinen, etwa 1–1,5 mm weiten Kelche sind gänzlich in die Oberfläche eingesenkt und geben ihr so eine porige Textur. Diese auffällige Koralle wächst gerne in turbulenten Wasserzonen. Sehr häufig!

This massive, wall-building or column-forming colony grows in turbulent water at the reef edge. The surface is smooth and velvety, with tiny mostly shallow cups (1–1,5 mm). They have thin walls, bordering directly on the next calice.

## **Anemonen-Koralle** **Anemone coral** *Goniopora planulata*

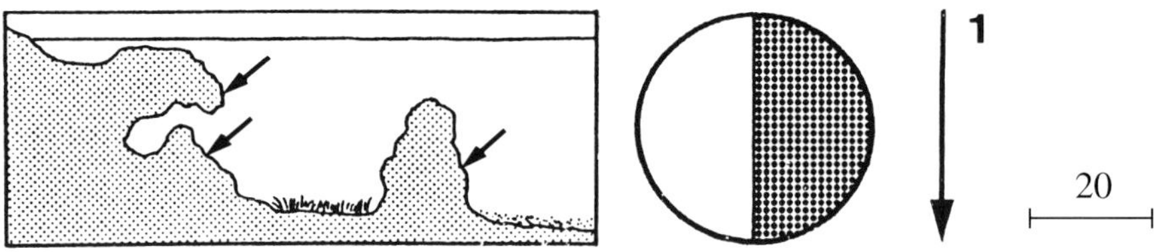


Diese Kolonie bildet keulenförmige Knollen mit meist abgestorbenem Unterteil. Sie ist leicht erkennbar an ihren langen, stämmigen Polypen, die tagsüber ausgestreckt sind. Die Tentakelkrone ist anemonenähnlich (Name!) mit gelbem oder rotem Mundfeld.

This club-like colony, the lower part is usually dead, is easily recognized by the long stalked polyps, that expand during the day time and resemble flowers. The mouth area is yellow or red and is surrounded by light-gray tentacles.

Berg-Koralle – Mountain coral – *Porites lutea*

Anemonen-Koralle – Anemone coral – *Goniopora planulata*

## **Porige Sternkoralle  Porous star coral** *Astraeopora myriophtalma*

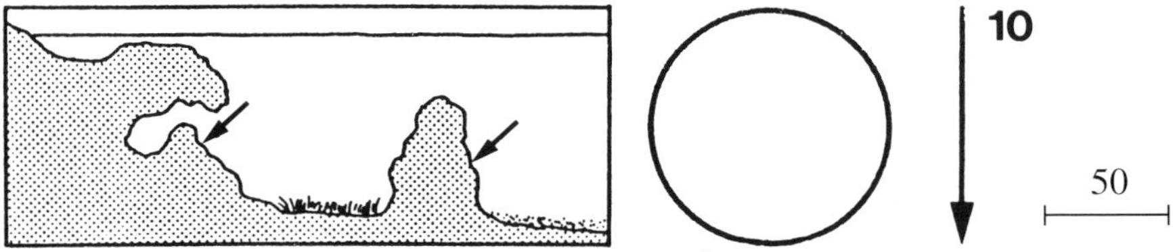


Eine krustige bis kugelige Kolonie. Die kegelförmigen Kelche sind 2–3 mm weit und auf der Außenseite gedörnelt. Sie sind durch Kluften voneinander getrennt. Das Kelchzentrum ist röhrenartig tief, die Septen bleiben unsichtbar. Grüne und gelbe Farbvarianten.

An encrusting or massive globe-shaped colony, with small, spiny, cone-shaped cups (2–3 mm wide), that are separated by deep clefts. The cups are so deep, the septa are hidden. Colorvariations from green to yellow.

## **Krönchen-Koralle  Little crown coral** *Cyphastrea microphtalma*

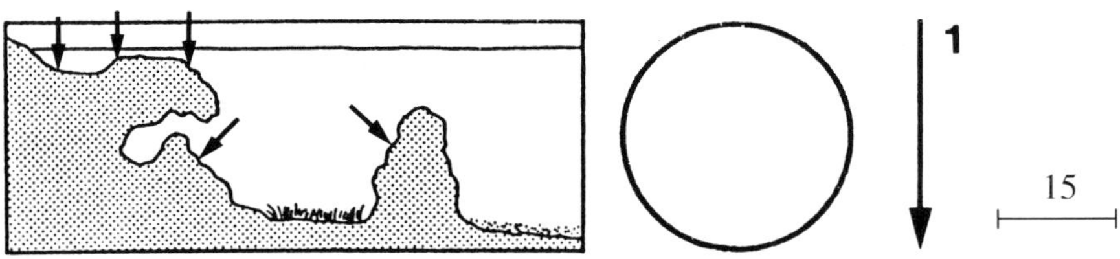


Eine krustige, hügelige Kolonie mit kleinen, kegelstumpfartigen Kelchen (1–1,5 mm weit). Die Kelchoberfläche ist gerippt, die Zwischenräume der Kelche bedornt. Die Septen reichen über den Kelchrand, wodurch ein krönchenartiges Gebilde zustande kommt.

An encrusting, hilly colony with tiny, ridged, cone-shaped cups (1–1,5 mm wide) that are separated by a spiny area. The septa are well developped, giving the calices a crown-like appearance.

Porige Sternkoralle – Porous star coral – *Astraeopora myriophtalma*

Krönchen-Koralle – Little crown coral – *Cyphastrea microphtalma*

## Silber-Mäanderkoralle **Silver meander coral**

***Gyrosmilia interrupta***

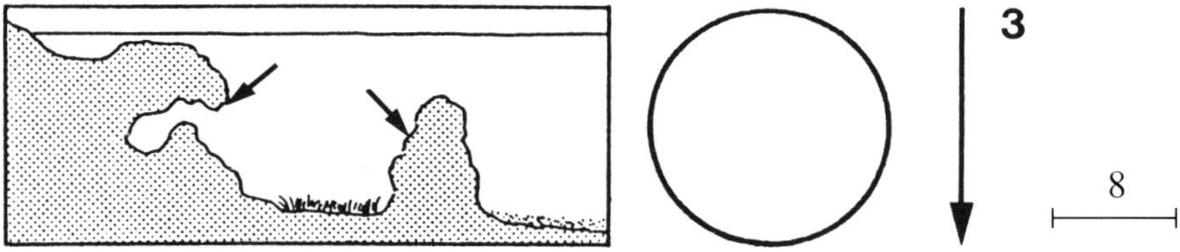


Eine kissenartige, etwa handgroße Kolonie. Die lamellenförmigen Kelchsepten stehen in stark gefalteten Mäandern, wodurch die Kolonie ein rüschenhaftes Aussehen bekommt. An schattigen Plätzen.

Small pod-like colonies found in shady places. The septa are conspicuously arranged in a serpentine pattern.

## Rasenkoralle **Grass coral** ***Galaxea fascicularis***

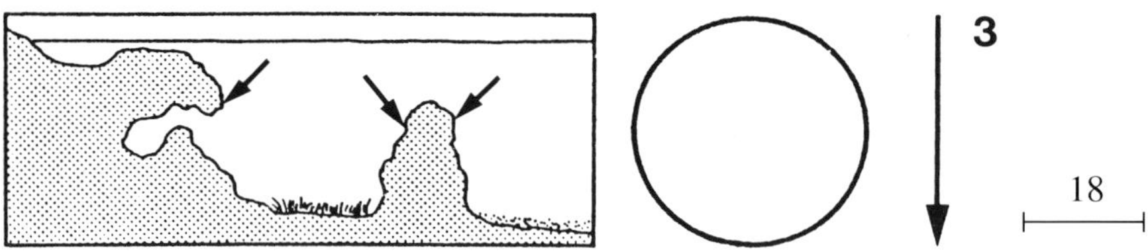


Diese krustige oder rasenförmige Kolonie hat ovale, längs verzogene Kelche (0,7–1,5 cm weit) mit spikeförmigen Septen. Sie wächst vorzugsweise in Spalten oder anderen ruhigen Wasserzonen.

An encrusting, grassy colony with oval cups (0,7–1,5 cm wide). Their septa are characteristically spiked. Found especially in clefts.

Silber-Mäanderkoralle – Silver meander coral – *Gyrosmilia interrupta*

Rasenkoralle – Grass coral – *Galaxea fascicularis*

## Elefantenohr-Koralle — Fluorescent peacock coral
*Mycedium elephantotus*

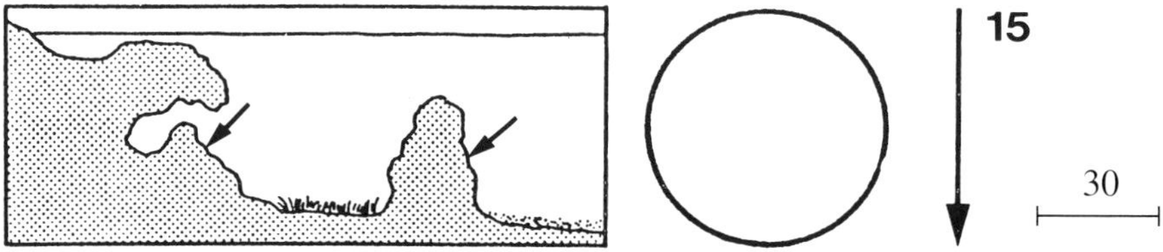


Diese Koralle bildet gewellte, lappige und zum Teil eingerollte aufrechtstehende Platten. Die Kelche sitzen wie Schwalbennester auf der gerippten Oberfläche. Die Polypen fluoreszieren. Sie bevorzugt schattige und ruhige Wasserzonen.

The coral forms fragile, leafy plates, often arranged vertically, that grow in shaded, calm water zones. The polyps are fluorescent and face outwards towards the growing edge of the colony.

## Streusel-Koralle — Poppy coral — *Echinophyllia aspersa*

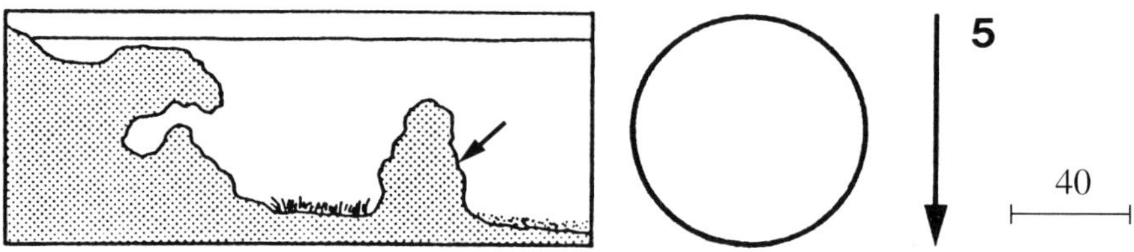


Eine Koralle, die in Form leicht zerbrechlicher, gewellter Scheiben vorkommt. Diese stehen teilweise vom Untergrund ab. Die warzigen Kelche stehen in konzentrischen Kreisen und sind teilweise in die Oberfläche eingesenkt. Sie wächst meist senkrecht am Abhang in ruhigeren Wasserzonen. Häufig!

This thin, plate-like, leafy corals grows on vertical and sloping surfaces in calm environments. The spiny are faced upwards and are arranged in concentric circles. Common!

Elefantenohr-Koralle – Fluorescent peacock coral – *Mycedium elephantotus*

Streusel-Koralle – Poppy coral – *Echinophyllia aspersa*

**Rinnenkoralle** **Platter castle coral** ***Pachyseris speciosa***

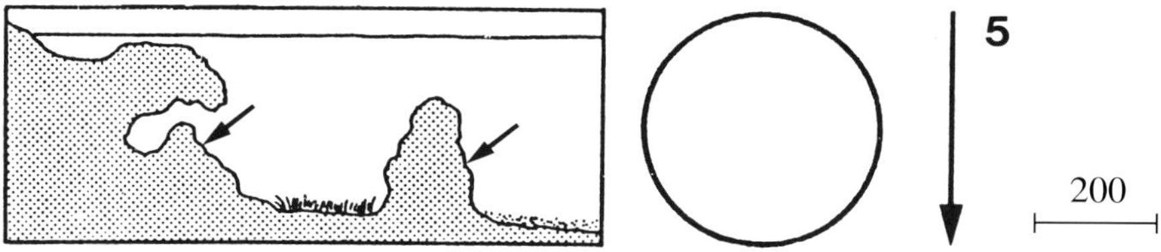


Eine scheibenförmige Kolonie, welche, kaskadenartig wachsend, weite Flächen bedecken kann. Typisch sind die vielen Leisten, welche in regelmäßigen Abständen zueinander konzentrisch auf den Platten sitzen; dadurch entsteht eine waschbrettartige Oberfläche. Die Kelche liegen in den rinnenförmigen Vertiefungen.

This leafy platter-shaped colony grows in a cascade-like fashion on the seawardface of the reef. Its surface has many ridges, that are arranged in concentric rows, giving the coral a wash-board-like texture.

**Porzellankoralle** **Porcelain coral** ***Leptoseris hawaiensis***

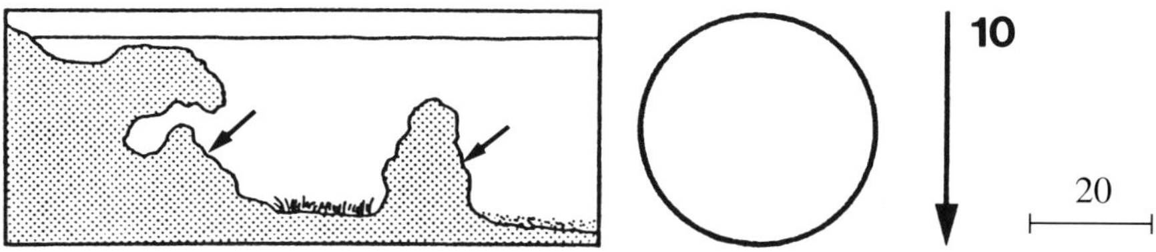


Diese Koralle bildet krustige, dünne, gewellte Scheiben mit einem weißen Rand. Die Kelche sind längsseits eingesenkt und stehen einzeln oder gruppenweise in konzentrischer Form auf der Oberfläche. Die Kelchsepten laufen in feine Leisten aus.

An encrusting. round flat coral, usually with a white fringe. Its tiny cups are, more or less, regularly arranged in concentric rows and face outwards to the growing edge of the colony. The cup's septa run as distinct radiating ridges all over the surface.

Rinnenkoralle – Platter castle coral – *Pachyseris speciosa*

Porzellankoralle – Porcelain coral – *Leptoseris hawaiensis*

**Griffelkoralle** **Finger coral** ***Stylophora pistillata***

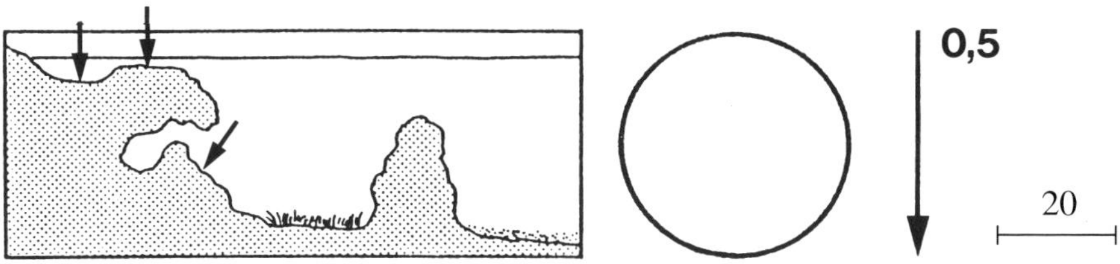


Eine strauchförmige Kolonie, mit gabelig verzweigten Ästen, etwa 1–2 cm dick. Die Zweigenden sind abgestumpft, die Kelche winzig (1 mm weit) mit einer griffelartigen Säule im Zentrum (Name!). Sie besiedelt als erste wieder tote Riffdächer oder Hafenmauern. Farbvarianten in hellgrün und pfirsichrot.

A shrub-shaped colony with smooth, forked, blunt branches, 1–2 cm thick. Symbiontic algae often color this species bright pink or green. It is one of the first species to recolonize naked reefs or harbor walls.

**Himbeer-Koralle** **Raspberry coral** ***Pocillopora verrucosa***

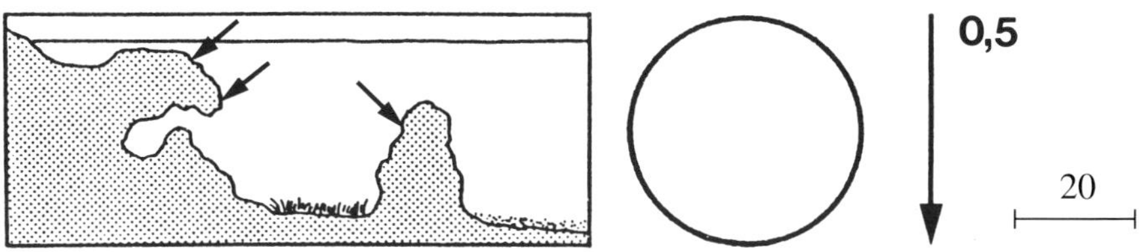


Diese strauchförmige Kolonie hat etwa 1–2 cm dicke Zweige mit stark gestutzten Enden. Die winzigen Kelche (1 mm weit) drängen sich an den Astspitzen zu einem himbeerartigen, warzigen Köpfchen (Name!). An sonnigen Standorten: grüne, gelbe Varianten.

Coarse, shrub-like colonies with rough, stout branches (2–3 cm thick). Often brightly colored pink, green, yellow. Prefers exposed, sunny areas.

Griffelkoralle – Finger coral – *Stylophora pistillata*

Himbeer-Koralle – Raspberry coral – *Pocillopora verrucosa*

## Hirschhorn-Koralle Staghorn coral *Acropora humilis*

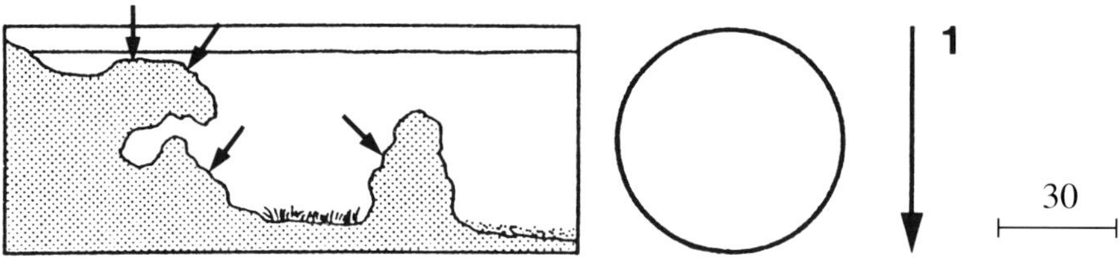


Eine buschförmige Kolonie mit schwachverzweigten, fingerlangen Stämmchen. Charakteristisch ist für die Gattung *Acropora* der einzelne, große Polypenkelch auf der abgerundeten Stammspitze; die anderen Kelche stehen in dicht gepackten Reihen auf der Stammoberfläche. Die Gattung *Acropora* ist sehr artenreich im Roten Meer.

Compact colony of stout, little, branched, finger-shaped stems, ringed with sharp-edged cups. There are many species of *Acropora* in the Red Sea. They are recognized by a distinctive larger cup in the center at the tip of each branch.

## Dornige Reihenkoralle Spiny row coral *Seriatopora hystrix*

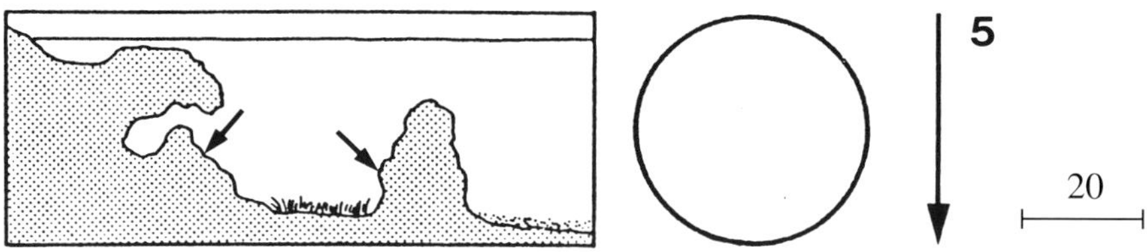


Diese buschförmige, dornige Kolonie hat gabelig verzweigte, dünne Äste (5–8 mm dick); sie enden in einer scharfen Spitze. Die Kelche sind in parallel laufenden Reihen entlang den Ästen angeordnet. Sehr zerbrechlich, sie bevorzugt ruhige Wasserzonen.

This delicate looking, fragile colony has slender (5–8 mm) sharp, forked branches, with conspicuous cups arranged in parallel rows. It prefers calm water.

Hirschhorn-Koralle – Staghorn coral – *Acropora humilis*

Dornige Reihenkoralle – Spiny row coral – *Seriatopora hystrix*

## **Diskus-Koralle** **Frisbee coral** ***Fungia repanda***

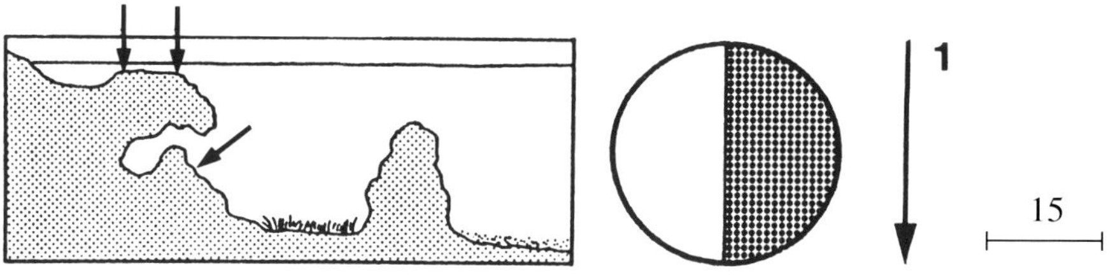


Eine diskusförmige Koralle, welche in der Regel einen einzigen, riesigen Polypenkelch darstellt, der nur im Jugendstadium über einen dünnen Stiel am Untergrund festgewachsen ist. Seine gezähnten Septen verlaufen ohne Unterbrechung von der Mundspalte bis zum abwärts gebogenen Kelchrand.

This coral consists of a single large, circular cup of one polyp with large, sharp septa radiating out from the central mouth slit. Large ones are unattached, but young ones are fixed to the bottom by a small stalk.

## **Gestreifte Bumerangkoralle** **Striated boomerang coral** ***Herpolitha limax***

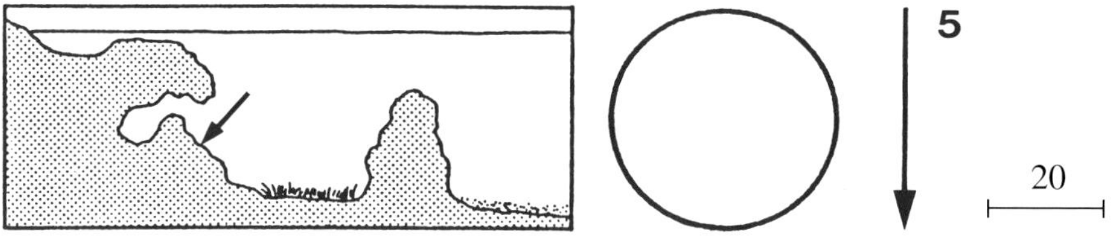


Diese freiliegende, sohlenförmige Koralle hat gebogene Spitzen und mehrere Polypenzentren entlang der Körperachse. Typisch sind die kurzen überlappenden, lamellenartigen Septen, welche zu den abwärtsgebogenen Kanten verlaufen.

An unfixed boomerang-shaped solitary coral with several polyp centers along an axis, that is curved at both ends. The septa are arranged in short, overlapping plates perpendicular to the margin.

Diskus-Koralle – Frisbee coral – *Fungia repanda*

Gestreifte Bumerangkoralle – Striated boomerang coral – *Herpolitha limax*

## Gewundene Salatkoralle — Serpentine salad coral

*Turbinaria mesenterina*

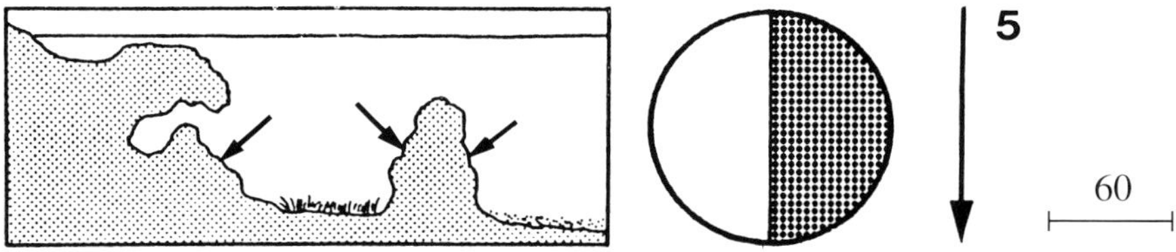


Diese Koralle besteht aus serpentinenartig gefalteten, aufrechtstehenden Platten. Die kegelförmigen Kelche (2–3 mm weit) sind über die glatte Oberfläche erhoben. Die gelben Polypen sind teilweise tagsüber ausgestreckt. An sonnigen Plätzen.

This colony consists of serpentine-like folded, mostly vertical plates with elevated cups (2–3 mm wide). Some of its yellow polyps are expanded at daytime. Found in sunny places.

## Rote Zäpfchenkoralle — Red cave coral — *Dendrophyllia sp.*

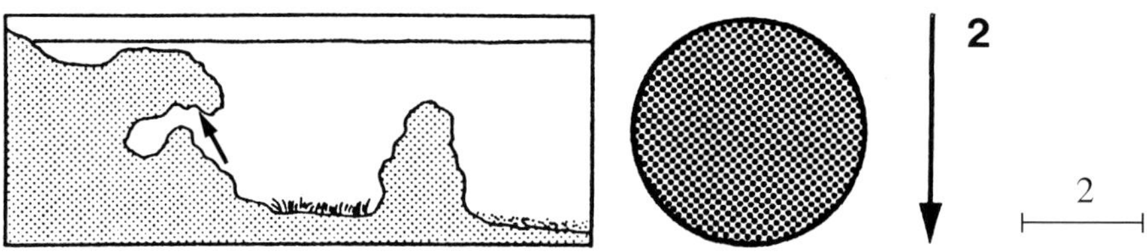


Diese kleine Koralle besteht aus einzelnen oder gruppenweise wachsenden, rosafarbenen Kalkstiften, die an der Spitze einen Kelch (0,5–1 cm weit) tragen. Nachts strecken die Polypen ihre prächtigen Tentakeln aus. Häufig unter Überhängen.

This small coral forms clusters of single tubes with one large cup, 0,5–1 cm across. The beautiful polyps with long tentacles expand at night. In caves and under ledges.

Gewundene Salatkoralle – Serpentine salad coral – *Turbinaria mesenterina*

Rote Zäpfchenkoralle – Red cave coral – *Dendrophyllia sp.*

## BORSTENWÜRMER BRISTLE WORMS POLYCHAETA

Würmer mit äußerlich sichtbarer Segmentierung. Jedes Segment trägt seitlich stummelförmige Fortsätze mit gebündelt oder in Reihen stehenden Borsten. Sie werden in seßhafte, planktonfressende Sedentaria (Festsitzende) und freilebende, räuberische Arten, Errantia (Umherirrende) unterteilt. Die Planktonfresser leben in am Untergrund festgewachsenen Wohnröhren; ihre Kopfanhänge sind zu herrlichen, spiraligen Tentakelkronen oder Fächer umgebildet, während die räuberischen Arten unterschiedliche Kopfanhängsel und scharfe Kiefer haben.

These segmented worms have bunches of bristles projecting from each segment. Some live in permanent tubes and feed on plankton, while others are free-living predators, that actively stalk their prey. The plankton-feeders have magnificent feather-like crowns or spiral fans of tentacles to filter the water. The predators have tentacles and sharp jaws to detect and capture their prey.

### **Feuerwurm** **Fire worm** ***Hermodice carunculata***

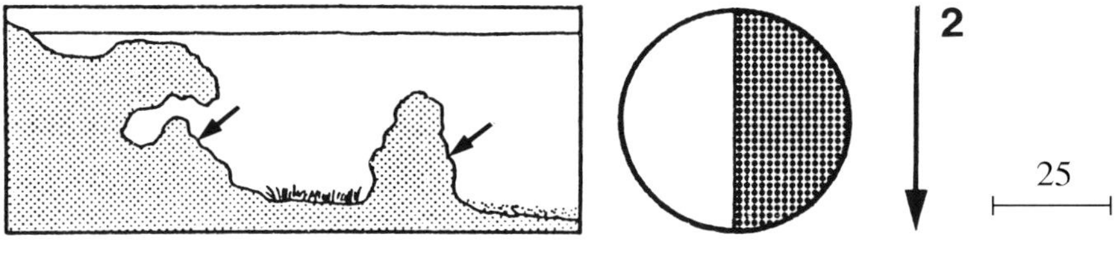


Vorsicht! Dieser farbenprächtige, regelmäßig segmentierte Wurm hat nadelartige, weiße Borsten, die bei Berührung sofort abbrechen und in die Haut dringen, wobei sie einen heftigen brennenden Schmerz hervorrufen. Er frißt Korallenpolypen und ist tagsüber unter Steinen zu finden.

Pay attention! This colorful, active worm has bundles of needle-like, white bristles, that can sting painfully if touched. It feeds on coral polyps and is often found under stones.

# POLYCHAETA

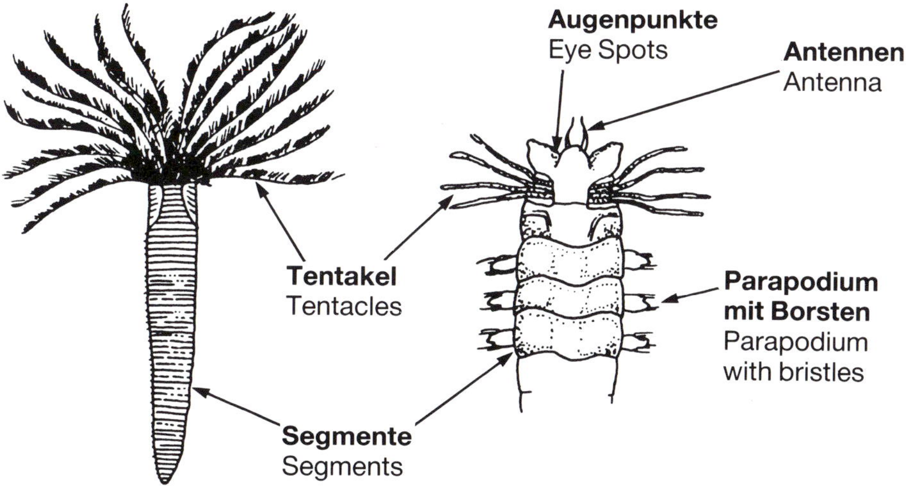


Feuerwurm – Fire worm – *Hermodice carunculata*

## Bunter Spiralröhrenwurm    Feathered christmas tree worm
## *Spirobranchus giganteus*

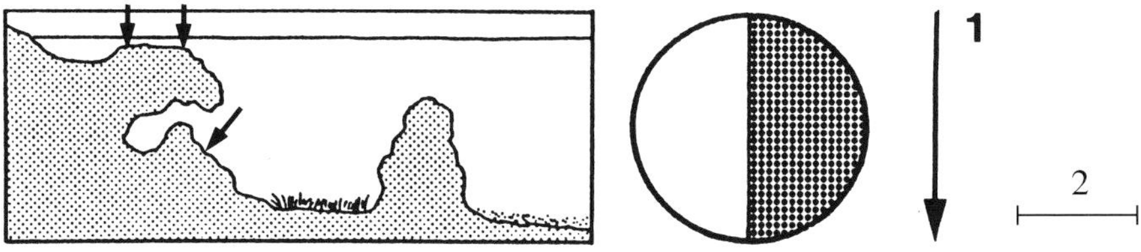


Ein Wurm mit zwei pyramidenförmigen, spiraligen Tentakelkronen. Sie drängen aus einer Kalkröhre, welche tief im Korallengestein verwachsen ist. Bei Gefahr zieht sich der Wurm sofort in seine Röhre zurück, wobei die Öffnung mit einem Kalkdeckel verschlossen wird. Meist auf lebenden Korallen. Viele bunte Farbvarianten.

This plankton-feeding worm lives in a calcareous tube buried in living coral blocks. It sends out pairs of spiral-shaped crowns of tentacles, of various colors, to feed. The crowns can be quickly drawn in, when disturbed and the tube is closed with a plug.

## Indischer Federwurm    Indian feather worm    *Sabellastarte indica*

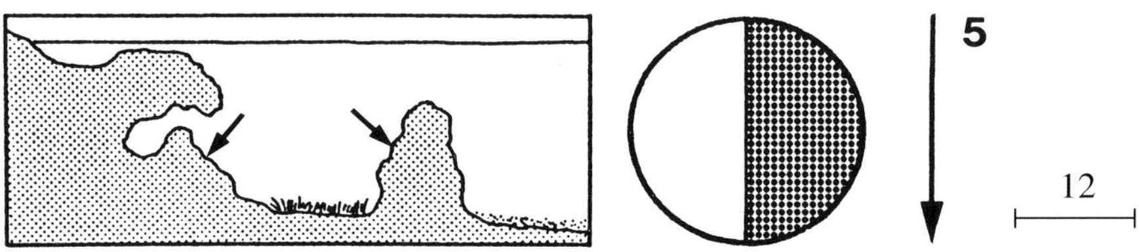


Er hat eine herrliche, etwa 10 cm große Tentakelkrone, die aus einer Vielzahl feiner, trichterförmig angeordneter Tentakelfedern besteht. Die pergamentartige Wohnröhre aus schleimverklebten Partikeln ist am Untergrund festgewachsen. Ohne Kalkdeckel.

A plankton-feeder with 10 cm long, feathery tentacles that are arranged as a wide open funnel. Its tube is made of mucus cementing fine particles of mud that feels like grease proof paper. Without plug.

Bunter Spiralröhrenwurm – Feathered christmas tree worm – *Spirobranchus giganteus*

Indischer Federwurm – Indian feather worm – *Sabellastarte indica*

## SEEPOCKEN BARNACLES CIRRIPEDIA

Die erste Gruppe der Krebstiere, die Seepocken, kommt nur am Strand vor. Als Nichtbiologe glaubt man es kaum, daß diese festzementierten Schalentiere zu den Krebstieren gehören. Ihre Form läßt sich jedoch von den anderen leicht ableiten, wenn man sich vorstellt, daß sich die Seepockenlarve zunächst am Rücken festsetzt. Dann wächst das Außenskelett aus vier beweglichen Platten um das Tier herum und gleichzeitig in die Höhe. Zur Nahrungsaufnahme strecken Seepocken ihre fedrigen Beine durch die Öffnung des Kegels nach außen und strudeln damit Plankton herbei.

This group of crustaceans which cannot escape attention, are the barnacles on the beach rock. As those with any background in biology, it may seem strange that barnacles, cemented on hard surfaces belong to the crustaceans. The barnacle's form can be derived from that of the more typical crustaceans by fixing the crustacean larvae down to the substrate on its back, allowing the animal's external skeleton to grow up and around it in a conical form. To feed the barnacle extends its feathered legs through the opening at the top of the cone and catches plankton.

### Riesen-Seepocke Giant barnacle *Tetraclita squamosa*

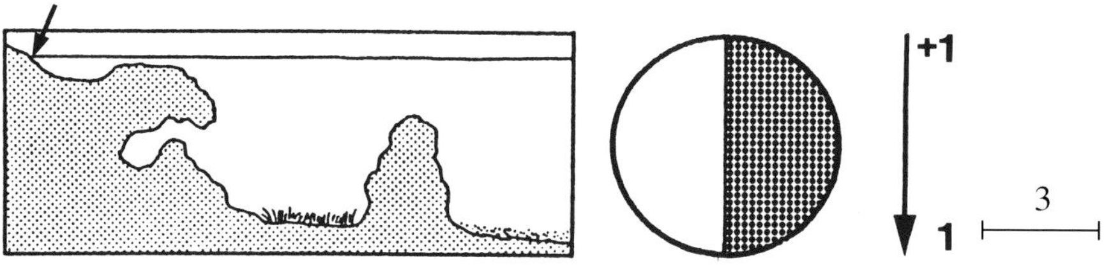


Die auffallendste Seepocke des Roten Meeres mit einem kegelförmigen Gehäuse aus vier längsgestreiften Kalkplatten. Diese enthalten viele kleine Hohlräume, welche das Tier während Ebbe gegen die enorme Hitze isolieren. Zusätzlich schließt sie ihr Gehäuse hermetisch nach außen ab.

The most distinct barnacle of the Red Sea with four longitudinal striated calcareous plates, forming a cone. They are hermetically closed at low tide and contain many cavities which isolate the animal against the enormous heat.

# CIRRIPEDIA

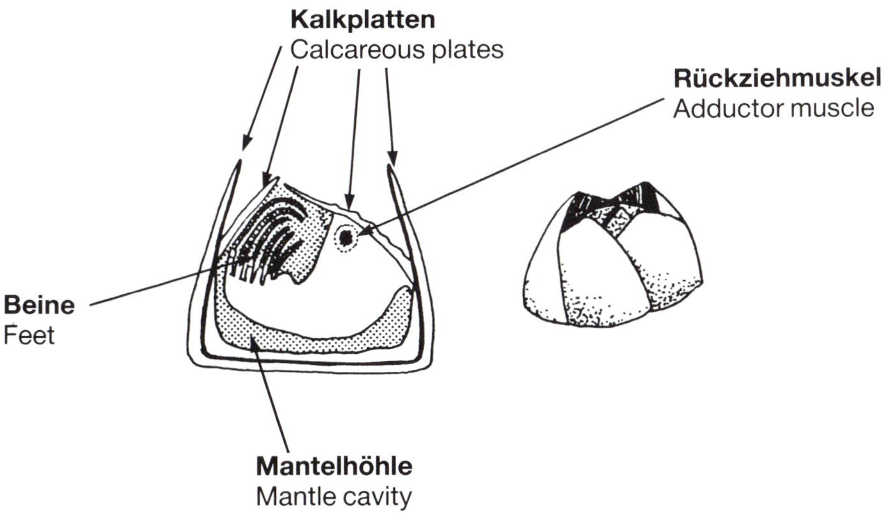


Riesen-Seepocke – Giant barnacle – *Tetraclita squamosa*

## GARNELEN, LOBSTER SHRIMPS, LOBSTERS
## NATANTIA, REPTANTIA

Garnelen haben ein leichtes, oft transparentes Außenskelett, das häufig seitlich abgeplattet ist, während Langusten und Bärenkrebse (Lobster) ein schweres, stachelbewehrtes Skelett besitzen, welches in der Regel von oben nach unten abgeflacht ist. Die Stirn der Garnelen läuft häufig in einen Dorn (Rostrum) aus. Die fünf Laufbeinpaare sind ungefähr gleich lang, wobei die ersten drei Scheren tragen können. Ihr langer, segmentierter Hinterleib hat Schwimmanhänge, die nur bei den Garnelen stark ausgebildet sind; dagegen ist der Schwanzfächer bei Langusten und Bärenkrebsen mächtig entwickelt.

Shrimps have a light external skeleton, which is flattened from side to side in contrast to lobsters that have a heavy and spiny one mostly flattened from top to bottom. The rostrum may be well developed and toothed. Their five walking legs are more or less equal in length; the first three pairs can carry pincers or claws. The long, segmented abdomen bears well developed swimming appendages (shrimps) or a large paddle-like tail (lobsters).

### Rotweiße Scherengarnele Banded coral shrimp
### *Stenopus hispidus*

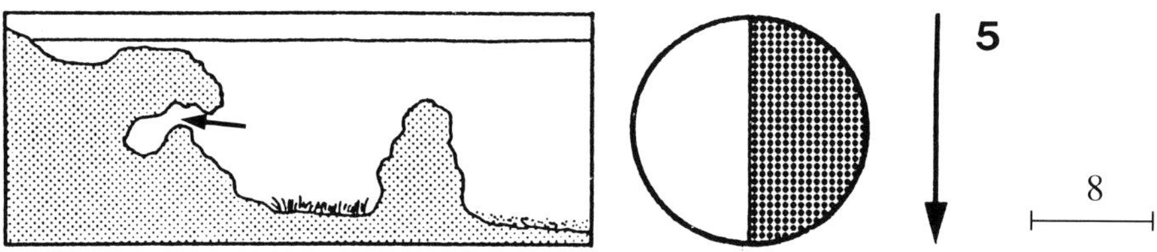


Diese Garnele hat ein großes und zwei kleine Scherenbeinpaare. Die dornige Körperoberfläche hat eine deutliche Querbänderung. Sie lockt mit ihren weißen, wippenden Antennen Fische heran, die sie von Parasiten befreit, was beiden zugute kommt.

A broadly banded shrimp with one large and two small pincerlegs. The wavinglong antennae attract fishes that the shrimp grooms and cleans parasites from. This procedure helps both, parasites are a bother to fishes and food for the shrimp.

## NATANTIA, REPTANTIA

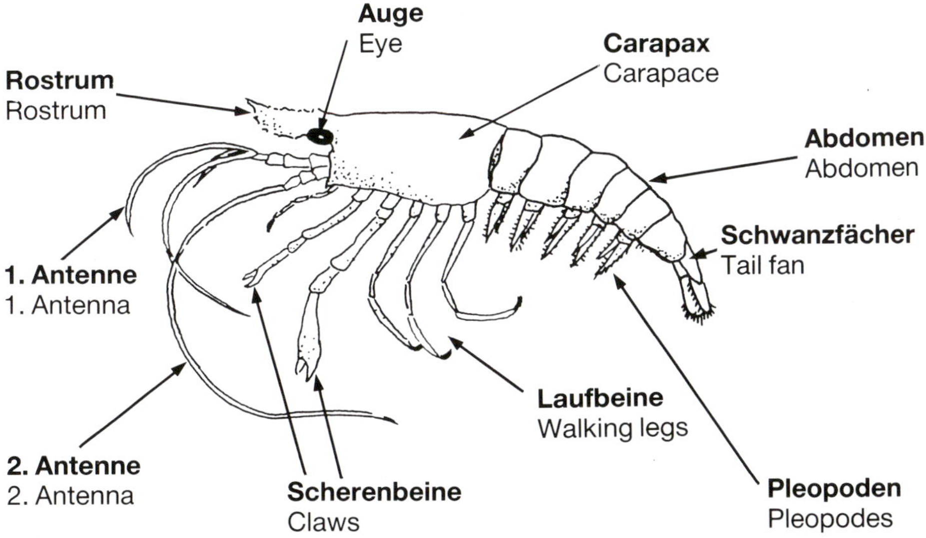


Rotweiße Scherengarnele – Banded coral shrimp – *Stenopus hispidus*

## Marmorgarnele **Marble shrimp** *Saron marmoratus*

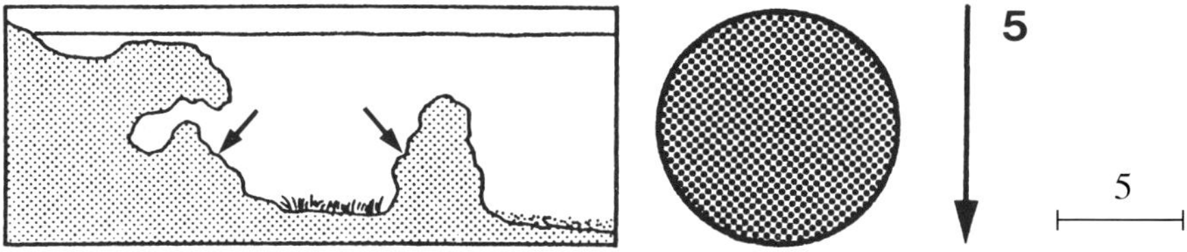


Eine Garnele mit charakteristischen Haarbüscheln auf der bunt schillernden Körperoberseite. Bei den Männchen sind die geringelten Scherenbeine extrem verlängert; die Weibchen haben wesentlich kürzere, und sie sind mit Haarbüscheln besetzt. Der Hinterleib des Weibchens ist stark nach oben gewölbt.

A shrimp with characteristic bunches of bristles on its back. The pincer-legs of the male are banded and very elongated, those of the female are short and have hairy bunches. In addition the female has an arched back.

## Imperatorgarnele **Imperial shrimp** *Periclemenes imperator*

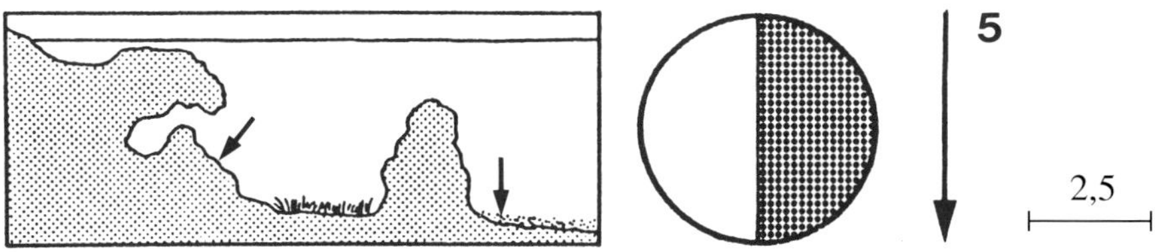


Eine Garnele mit einem Scherenbeinpaar und abgeflachten Antennen. Das Weibchen ist größer als das Männchen. Beide kommen immer als Kommensalen (Mitesser) auf der „Spanischen Tänzerin“ (Nacktschnecke) oder der Warzen-Seegurke vor. Sie frißt Plankton und Detritus aus dem schleimigen Überzug der Wirtstiere.

Male and female live symbiontically with the “Spanish Dancer“ or the Warty sea cucumber where they feed on plankton or detritus. They have one pair of pincers and flattened antennae.

Marmorgarnele – Marble shrimp – *Saron marmoratus*

Imperatorgarnele – Imperial shrimp – *Periclemenes imperator*

## Tridacna-Bärenkrebs — Tridacna slipper lobster

***Scyllarides tridacnophaga***

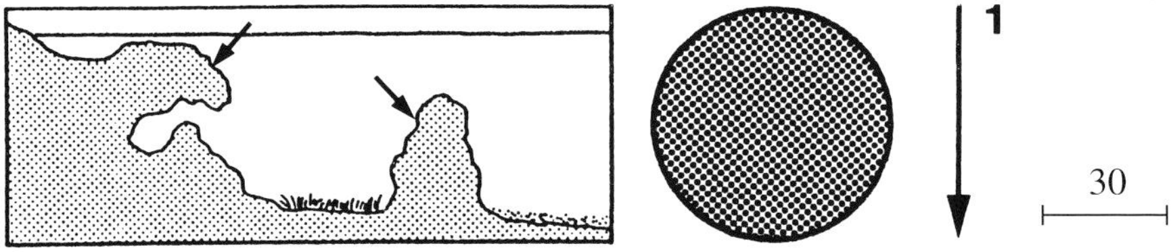


Das 2. Antennenpaar dieses Lobsters ist zu schildförmigen Platten umgebildet. Die Körperoberfläche ist stark granuliert, das erste Schwanzsegment zieren drei rote Punkte, und die Blätter des mächtigen Schwanzfächers haben gradlinige Ränder. Er frißt in der Hauptsache Muscheln, wobei er mit den Antennenplatten die Öffnung sperrt.

Most characteristic is its second pair of antennae that are modified into shieldshaped plates. The carapace is knobby and the first segment of the large, flattened tail shows three red spots. This kind of lobster feeds on bivalves.

## Violette Languste — Purple spiny lobster — *Palinurus penicillatus*

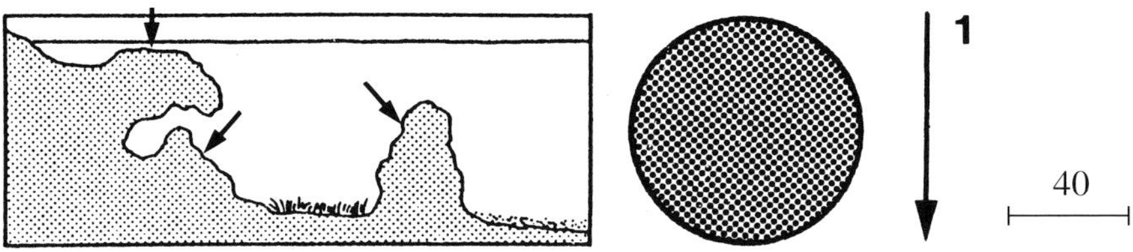


Eine Languste mit granuliertem bzw. steif behaartem Carapax. Typisch ist die dunkelviolette Körperfärbung mit gelben Punkten. Die langen Antennen sind gelbgepunktet, die Beine längsgestreift. Eine 2. Art hat weiße Antennen und eine schwarz-weiße Musterung auf grünem Grund ***(P. versicolor).***

This lobster has a knobby shell with stiff hairs and long antennae. It has a dark purple color with yellow dots or stripes. A related species ***(P. versicolor)*** has white antennae and black and white stripes across the green tail (abdomen).

Tridacna-Bärenkrebs – Tridacna slipper lobster – *Scyllarides tridacnophaga*

Violette Languste – Purple spiny lobster – *Palinurus penicillatus*

## EINSIEDLERKREBSE HERMIT CRABS ANOMURA

Krebstiere mit einem weichen, verkürzten Hinterleib; das erste Laufbeinpaar trägt große Scheren, welche oft auf einer Körperseite stärker entwickelt sind. Das fünfte Laufbeinpaar ist zu Stummeln reduziert. Sie bewohnen leere Schneckenhäuser, die sie auch herumtragen, wodurch das nackte Hinterteil geschützt wird. Während der Jugendentwicklung müssen die „Wohnungen“ öfters gewechselt werden, da die Schneckenhäuser nicht mitwachsen.

These crabs have a soft “tail“ they protect within an empty shell that they carry around. The fifth pair of walking legs are reduced to short appendages, while the first pair are modified to strong claws. Usually one of the claws is enormously enlarged to block the opening of the shell when the crab backs into it. During their growing period they have to change their “houses“ frequently.

### Schmarotzerrosen-Einsiedler Parasite rose hermit crab
***Dardanus tinctor***

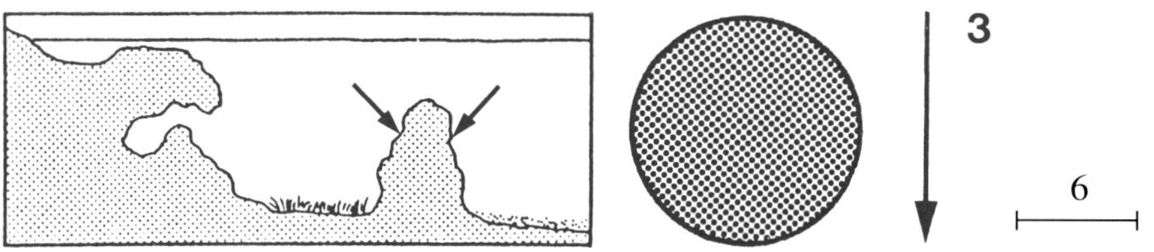


Seine linke Schere ist viel größer als die dornige rechte; die anderen Laufbeinpaare sind stark behaart. Auffällig glänzen seine smaragdgrünen Augen, welche auf braun-weiß geringelten Augenstielen sitzen. Seine Schneckenschalen sind immer mit mehreren **Schmarotzer-Rosen** *(Calliactis parasitica)* besetzt.

Its left claw is distinctively larger than the spiny right one. The other walking legs are covered with bristles and its greenish eyes project from white and brown ringed stalks. Most characteristic are the stinging anemones **(Parasit rose)** on its shell.

## ANOMURA

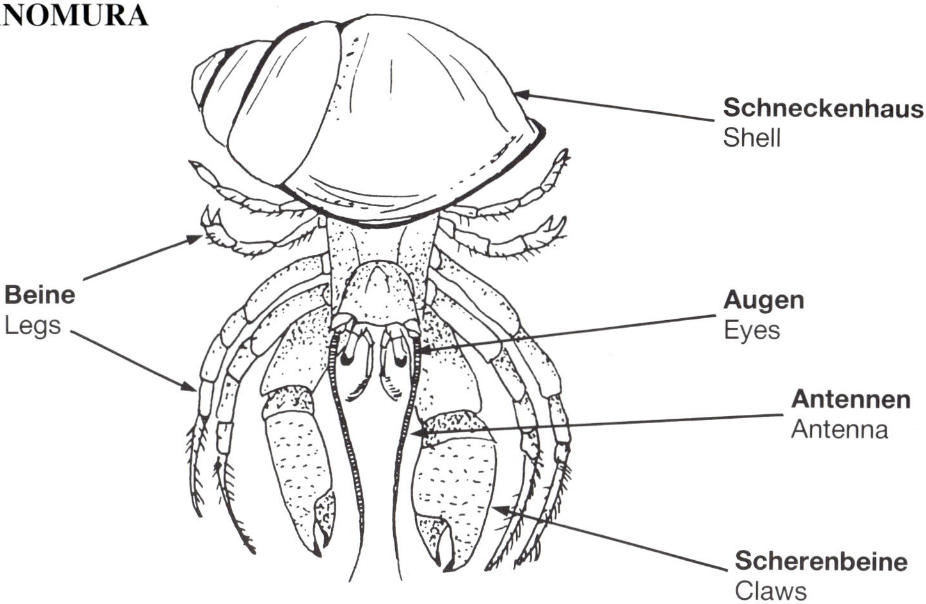


Schmarotzerrosen-Einsiedler – Parasite rose hermit crab – *Dardanus tinctor*

## KRABBEN CRABS BRACHYURA

Krebstiere mit stark verkümmertem Hinterleib, der fest unter den Vorderkörper geschlagen ist. Der rundliche oder rechteckig flache Körper ist gewöhnlich breiter als lang, und das erste Laufbeinpaar trägt große Scheren. Die Antennen sind reduziert. Bei Störung rennen sie seitwärts davon. Einige Arten können schwimmen.

Crustaceans with a greatly reduced abdomen which is folded tightly under the thorax. The rounded or squarish body is flattened and usually wider than long. The antennae are often very small and the first pair of walking legs are well developed with strong claws. Some crabs flee by running with the typical sideways action, others have the hind legs flattened, giving them strong swimming ability.

### Weißgebänderte Springkrabbe — Sally lightfoot
***Grapsus albolineatus***

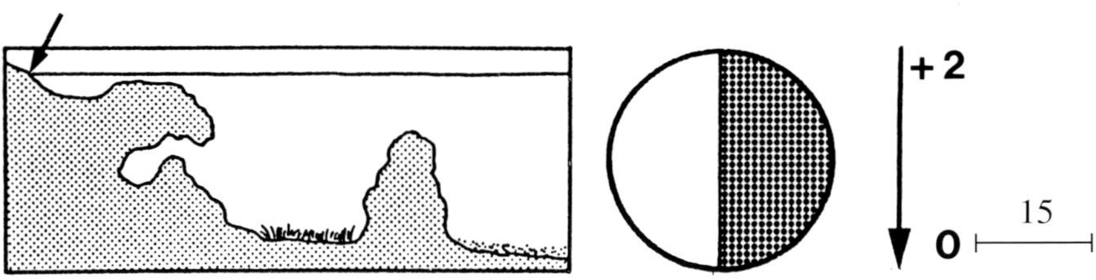


Die schnellste Krabbe überhaupt; sie bewohnt die Brandungszone der Felsküste, wo sie die meiste Zeit an der Luft verbringt. Sie hat nur kleine Scheren, flache, lange Rennbeine und einen stromlinienförmigen, ovalen Rückenschild (Carapax).

This swiftest of all crabs with a squarish carapace lives on intertidal rocks, mostly out of the water. It has small claws. The running legs are broad and flattened. This animal is difficult to catch.

# BRACHYURA

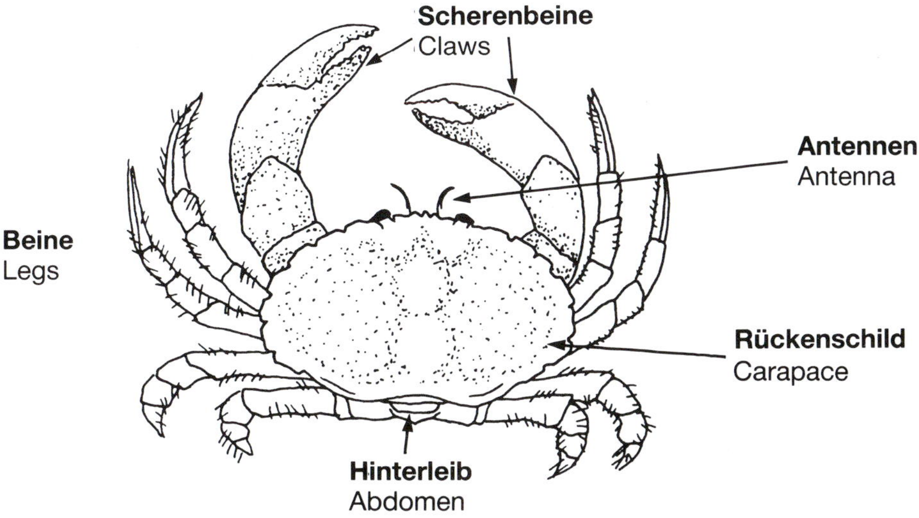


Weißgebänderte Springkrabbe – Sally lightfoot – *Grapsus albolineatus*

**Reiterkrabbe** **Ghost crab** ***Ocypode saratan***

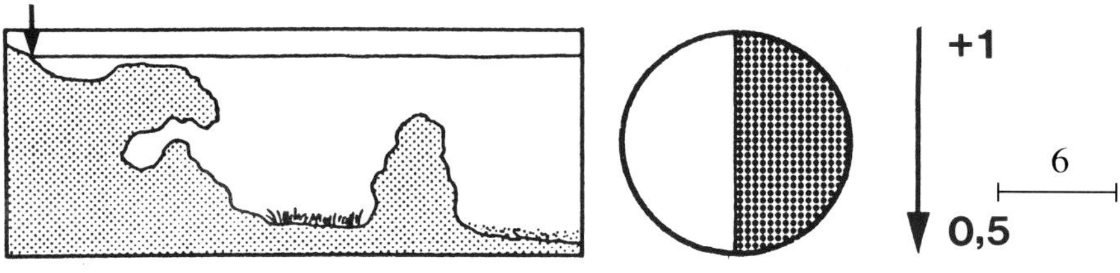


Eine Krabbe mit schaufelartig abgeflachten, dornigen Scheren. Die Augenstiele lassen sich unter das Rückenschild in eine Querfurche einklappen. Die eiförmigen Augen tragen lange stielartige Fortsätze. Das flinke Tier lebt scharenweise am Sandstrand, wo es sich tiefe Wohnhöhlen gräbt. Es singt bei der Balz.

A swift crab with shovel-like flattened, rough claws. The eyestalks project well beyond the egg-shaped eyes. It lives in deep burrows on the sandy beach just above the water line. The male sings during the mate.

**Winkerkrabbe** **Fiddler crab** ***Uca inversa***

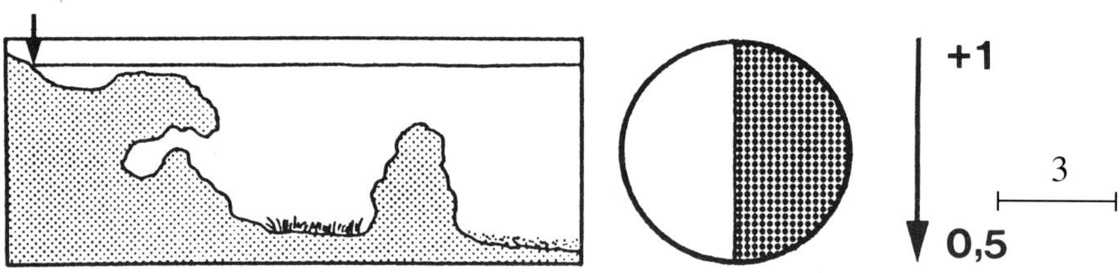


Die linke Schere des Männchens ist riesengroß ausgebildet, damit klopfen und winken sie während der Balz. Die langen Augenstiele werden unter das Rückenschild eingeklappt, wenn die Krabbe in ihrem Bau, meist ein tiefes Loch im Schlamm, verschwindet. Häufig in Mangroven.

The left claw of the male is enormously enlarged to ward off rivals and to wave the female during the mate. The crab occurs on mud flats of the mangroves, where it lives in deep holes.

Reiterkrabbe – Ghost crab – *Ocypode saratan*

Winkerkrabbe – Fiddler crab – *Uca inversa*

## **Rote Korallenkrabbe** **Red coral crab** ***Carpilius convexus***

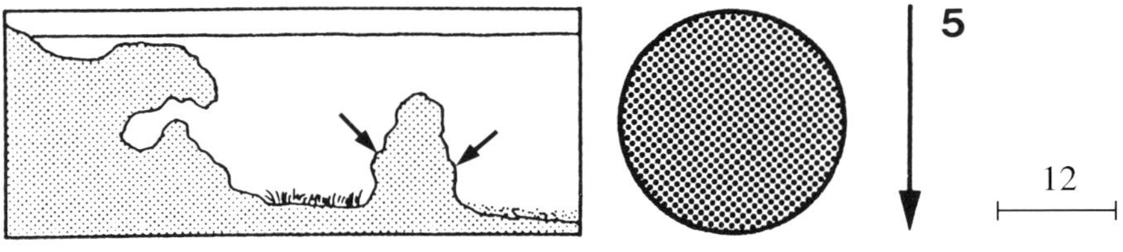


Eine rundum glatte Krabbe. Sie hat ein großes Scherenbeinpaar und einen konvexen, gefleckten Rückenschild mit abgerundeten Seitenrändern. Auch der Stirnrand ist nach unten gebogen. Unverwechselbar!

This distinctive crab is smooth all over, including the legs. It has large claws and a convex carapace with irregular spots. The forehead slopes downwards.

## **Trapezkrabbe** **Trapeze crab** ***Trapezia sp.***

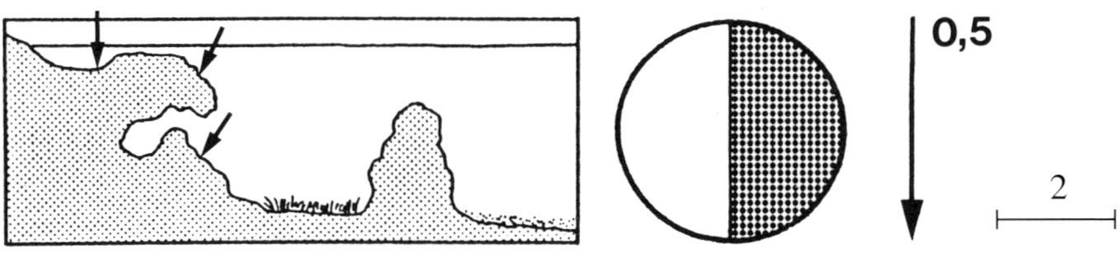


Eine intensiv gefärbte, flache Krabbe mit glattem Rückenschild. Die Weibchen sind deutlich größer als die Männchen. Sie leben paarweise zwischen den Ästen der Griffel- und Himbeerkoralle. Mehrere Arten. Die verwandte Art Tetralia kommt nur in Hirschhornkorallen vor.

A crab with a flat, shiny, often brightly colored carapace. It is always present in pairs between the branches of finger and raspberry corals. The females are larger than males. The closely related form Tetralia, occurs only in staghorn corals.

Rote Korallenkrabbe – Red coral crab – *Carpilius convexus*

Trapezkrabbe – Trapeze crab – *Trapezia sp.*

## PLATTWÜRMER FLATWORMS TURBELLARIA

Plattwürmer werden oft mit Nacktschnecken verwechselt. Sie haben einen länglichen, blattförmigen Körper ohne Kiemenbüschel, der vollständig mit feinen Cilien bedeckt ist. Diese sind meist auf der Bauchseite länger und dienen wie die Körpermuskulatur der Fortbewegung. Der Kopf hat ein Paar oder mehrere Augenpunkte; der Mund mit dem muskulösen Schlundrohr liegt auf der Bauchseite, es wird zur Nahrungsaufnahme ausgestülpt. Diese Tiere haben eine sehr große Regenerationsfähigkeit; denn aus einzelnen Körperstücken können wieder ganze Tiere entstehen.

Flatworms have flattened leaf-like bodies that are often colorful, like sea slugs. The body is covered all over with tiny cilia that play an important role in the characteristic gliding movement of these animals. Usually there are one or several pairs of eye spots and tentacles at the head end. The mouth is on the underside and has a muscular tube that can be stuck out to grasp food. The flimsy animals are easily broken, but each piece can usually brow back into a complete new worm.

### Linierter Strudelwurm Lined flatworm *Pseudoceros sp.*

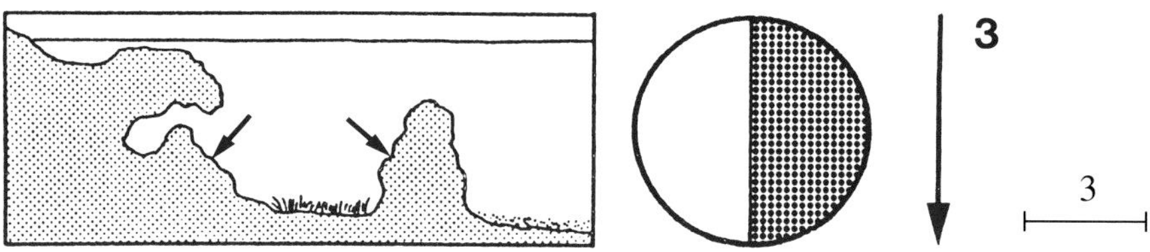


Ein blattartiger Wurm mit zwei ohrenförmigen Kopftentakeln. Die Körperoberseite hat ein charakteristisches Linienmuster, aus einer körperlangen Mittellinie und zahlreichen gekrümmten Querlinien. Diese beginnen an den Rändern und enden meist blind vor der Mittellinie.

A leafy worm with two ear-shaped tentacles on its head. The upper surface has a characteristic pattern of small curved, transversal lines that start from the margins but seldom reach the longitudional central line.

# TURBELLARIA

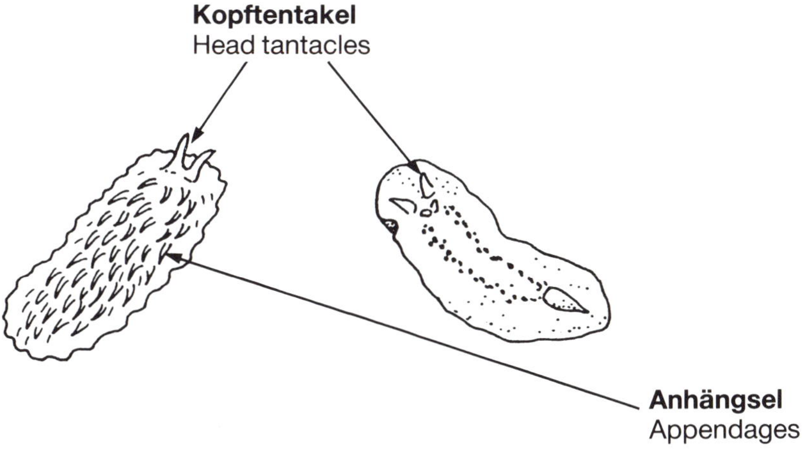


Linierter Strudelwurm – Lined flatworm – *Pseudoceros sp.*

## HINTERKIEMER OPISTOBRANCHS OPISTOBRANCHIA

Nackte Schnecken mit verkümmerter Schale, die von einer Mantelfalte verdeckt ist. Bei vielen Arten fehlt sie völlig. Der stark abgeflachte Körper hat bei manchen Arten lappige Schwimmflügel. Kopftentakel und Kiemen kommen in mannigfaltiger Form und Anordnung vor. Häufig liegt ein Kiemenblatt seitlich verdeckt unter der Mantelfalte, oder mehrere Kiemen stehen kreisförmig angeordnet auf dem Rücken. Andere strukturierte Anhängsel (Cerata) können manchmal die Atemfunktion übernehmen oder sie dienen der Abwehr, dazu werden Nesselkapselzellen von Seemoosen im Gewebe der Schnecken gespeichert.

These snails don’t have shells on the outside. They are flattened more than most snails; some can swim with graceful undulations. Some have a crown-like tuft of gills on their back, and ear-like sense organs on their head, that make them look a little like rabbits and thus give them the name „sea hare“. A few kinds defend themselves with stinging cells of hydroids, that they have accumulated in their tissues.

### Spanische Tänzerin Spanish dancer *Hexabranchus sanguineus*

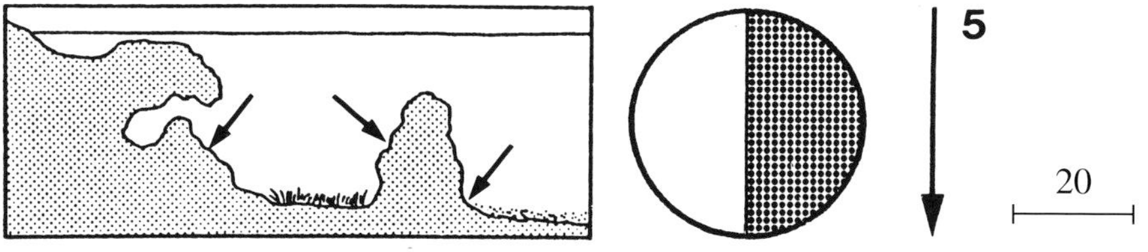


Charakteristisch sind die sechs großen, verzweigten Kiemenbüschel auf der hinteren Körperseite; der Mantelrand ist eingerollt. Sie schwimmt mit tanzenden Bewegungen (Titelbild!) und ist meist von Imperator-Garnelen besetzt. Ihre bandförmigen, rosafarbenen Gelege kleben häufig an Korallenblöcken.

A beautiful snail with a smooth mantle that is rolled up on both sides. When disturbed it swims gracefully through the water (title!). A crown of six branched gills project on its back and a pair of imperial shrimp is living there. The eggs are laid in whorls.

# OPISTOBRANCHIA

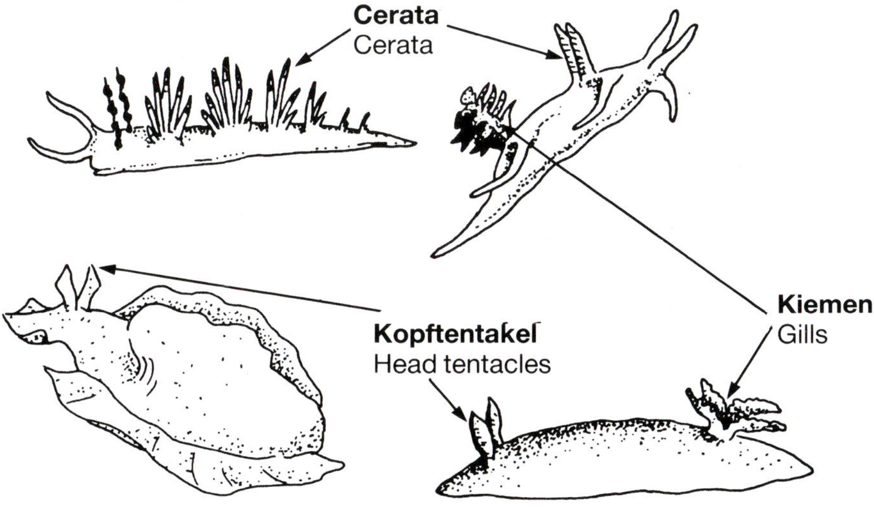


Spanische Tänzerin – Spanish dancer – *Hexabranchus sanguineus*

## Pyjamaschnecke — Four colour nudibranch

*Chromodoris quadricolor*

Diese farbenprächtige, längsgebänderte Schnecke hat zwei lange Kopftentakel und zehn Kiemenfedern, welche kreisförmig angeordnet am Körperende stehen. Sie können bei Gefahr in eine Tasche zurückgezogen werden. Dieses Tier ist recht häufig auf Schwämmen zu finden, von denen es sich ernährt.

This bright longitudional banded snail has a pair of head tentacles and ten feathery gills that are arranged as a tuft on its back. They can be withdrawn into a pocket. It feeds on sponges. Common.

## Blaue Pralinenschnecke — Blue candy nudibranch

*Phyllidia varicosa*

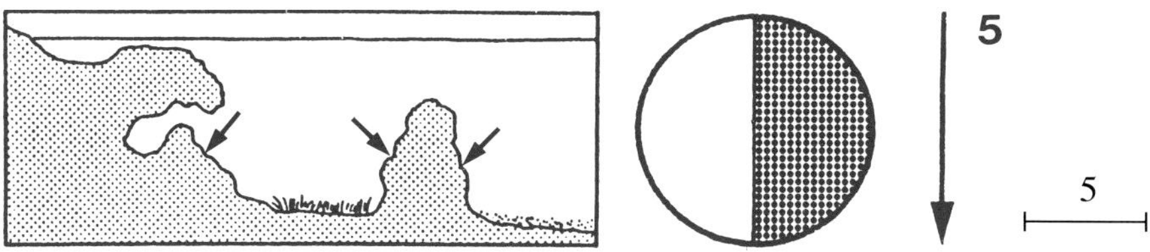


Diese herrliche Schnecke hat einen mehr oder weniger kantigen Körper mit drei erhobenen Längsleisten auf dem Rücken. Charakteristisch sind die vielen kegelförmigen Warzen, welche in regelmäßigen Längsreihen auf der Körperoberfläche stehen.

This snail has a more or less squarish body with three stripes along its back. Characteristically are the cone-shaped warts that are arranged in rows on the body surface.

Pyjamaschnecke – Four colour nudibranch – *Chromodoris quadricolor*

Blaue Pralinenschnecke – Blud candy nudibranch – *Phyllidia varicosa*

## SCHNECKEN SNAILS
## POLYPLACOPHORA, GASTROPODA

Die Gemeinen Schnecken haben eine Kalkschale, welche in der Regel als spiralförmig gewundenes Gehäuse ausgebildet ist. Die Höhe der Gehäusespindel, die Anzahl der Windungen, die Struktur und Farbe der Oberfläche sind wichtige Merkmale für die Artbestimmung. Der Körperbau gleicht dem der Landschnecken; zur Atmung dienen jedoch Kiemen anstatt Lungen. Manche fressen Algen, die sie mit ihrer Raspelzunge vom Untergrund abweiden, andere sind große Räuber, welche Seesterne, Schnecken oder sogar Fische jagen. Von der großen Vielfalt können hier nur einige wenige typische Beispiele dargestellt werden.

The common snails have one calcareous shell that is usually coiled to a spiral shaped housing. The length of the spindle, the number of whorls, the structure and color of its surface are distinctive marks for the identification of species. Their soft bodies resemble those of the terrestric snails but having gills instead of lungs. Some feed on algae, others are predators hunting starfishes, other snails or even fishes. Due to the great diversity, we are limited to present only some typical species.

### Gobelin Turban — Tapestry turban — *Turbo petholatus*

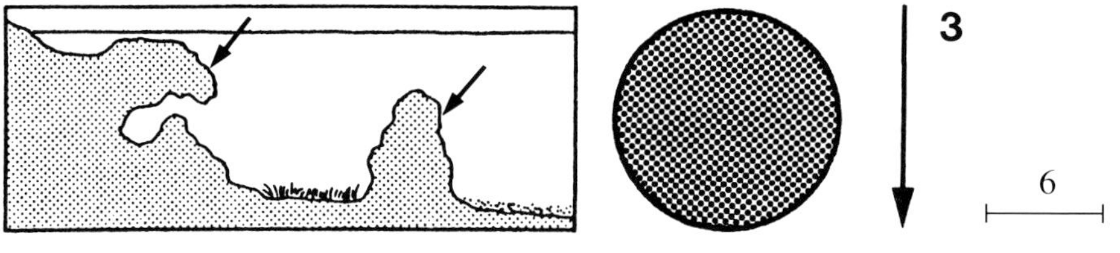


Das glänzende Schneckengehäuse hat eine gestauchte Spindel mit dunkler spiralförmiger Musterung. Typisch ist der hochpolierte Kalkdeckel mit dunkelgrünem Zentrum (Katzenauge); er blockiert die Gehäuseöffnung, wenn sich das Tier zurückgezogen hat.

Its glossy shell has dark spiral bands. Typical is the highly polished calcareous plug with a green center (cats eye) that blocks the opening when the snail backs into its house.

# POLYPLACOPHORA, GASTROPODA

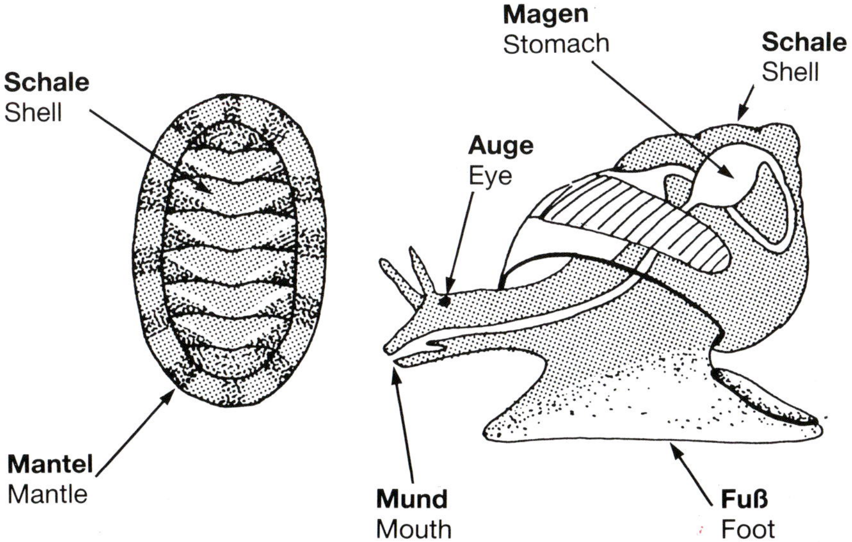


Gobelin Turban – Tapestry turban – *Turbo petholatus*

**Tritonshorn** **Pacific triton** ***Charonia tritonis***

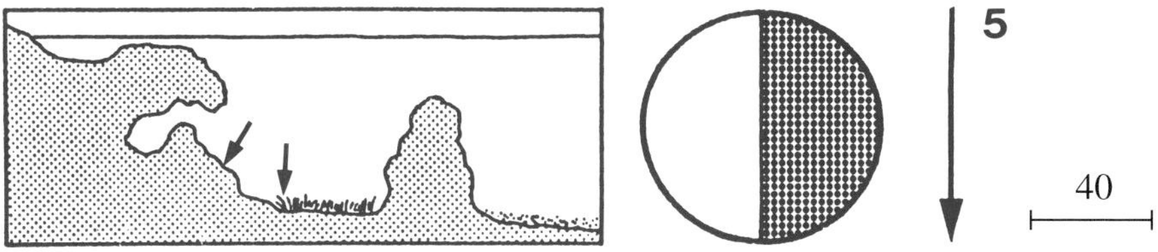


Sie hat ein sehr großes Gehäuse mit langgezogener, gerillter Spindel; die letzte Windung ist enorm aufgeblasen und endet in einer großen Öffnung. Die Außenlippe trägt auf der Innenseite starke Zähne. In verschiedenen Kultkreisen wurde diese Gehäuse als Trompeten verwendet. Diese Schnecke frißt als einzige die riffzerstörende Dornenkrone.

Its large shell has a tall spire with deep grooves; the last whorl is enormously inflated ending in a large opening; its outer lip has teeth on inner margin. The shell was used as trumpet. Tritons feed on crown of thorns and other starfishes.

**Gezähnter Spitzkegel** **Toothed top shell** ***Tectus dentatus***

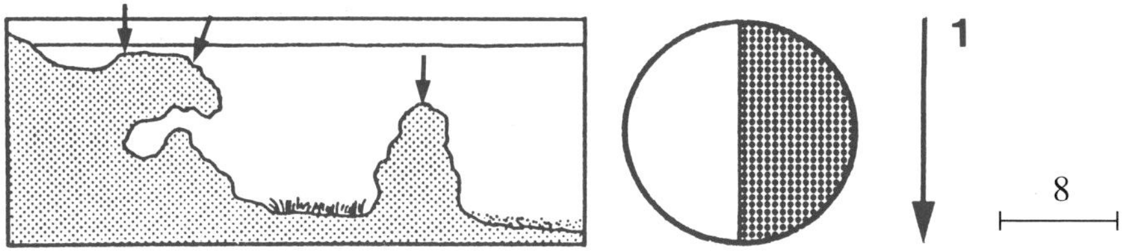


Sie hat ein dickes, schweres Gehäuse mit hoher Spindel und flacher, polierter Basis. Auf den Schalenwindungen sitzen lange zapfenförmige Fortsätze. Wegen der dicken Perlmuttschicht im Innern werden diese Schalen zur Herstellung von Knöpfen bzw. Schmuck verwendet.

Its thick solid shell has a tall spire with flat, polished base and large, blunt tubercules. The inner shiny layer (mother of pearl) is thick, thus this shell is used to manufacture ornaments.

Tritonshorn – Pacific triton – *Charonia tritonis*

Gezähnter Spitzkegel – Toothed top shell – *Tectus dentatus*

## Dreihorn-Flügelschnecke — Three knobbed conch

*Strombus tricornis*

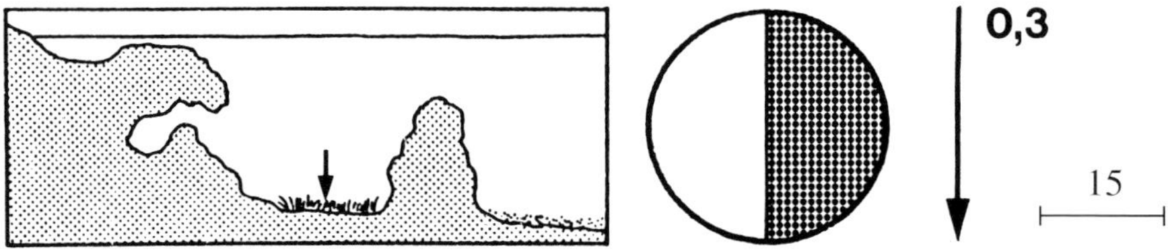


Ihre schwere Schale hat drei charakteristische Hörner auf der letzten Gehäusewindung, welche birnenförmig aufgeblasen ist. Die Außenlippe ist löffelartig verlängert. Ihr langer Fuß trägt einen sichelförmigen Horndeckel; er dient der Verteidigung und Fortbewegung. Damit drehen sie sich auch um, falls sie auf dem Rücken liegen. Sie wird von den Beduinen gegessen.

Its heavy shell has three characteristic tubercles on the lowest body whorl that is bulb-like enlarged. The outerlip is spoon-like extended. Its large foot has a sharp sickle-shaped plug, used for defense or as a lever to right itself. Edible.

## Gemeine Spinnenschnecke — Common spider conch

*Lambis lambis*

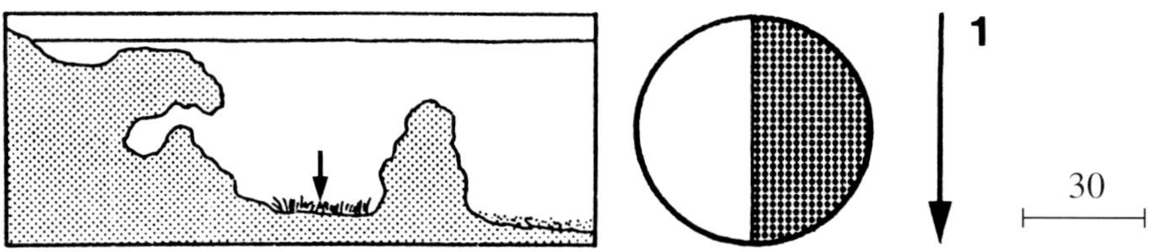


Eine Verwandte der vorherigen Art. Charakteristisch sind die weit abgespreizten, langen Fortsätze der Außenlippe. Die warzige Schalenoberfläche hat grobe Querrillen. Die Hauptwindung ist wiederum birnenförmig aufgeblasen. Der lange Fuß hat einen sichelförmigen Horndeckel. Eßbar.

A closely related species to the upper one. Most characteristic are the long curved projections on the outer lip of the shell which has coarse transverse ridges and large tubercles. Edible.

Dreihorn-Flügelschnecke – Three knobbed conch – *Strombus tricornis*

Gemeine Spinnenschnecke – Common spider conch – *Lambis lambis*

**Pantherschnecke** **Panther cowrie** ***Cypraea pantherina***

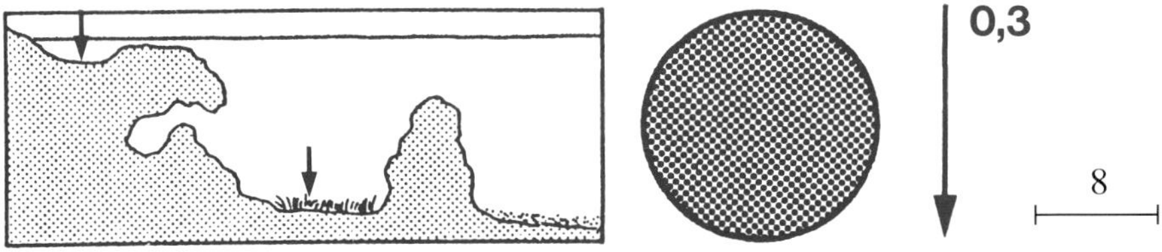


Ihre wunderschöne, domförmige, stark glänzende Schale hat ein charakteristisches Fleckenmuster. Wie alle Kaurie-Schnecken stülpt sie ihren Mantel vollständig über die Schale, so daß diese frei von Aufwuchs bleibt. Der Mantel trägt mannigfaltig gezackte Fortsätze.

It has a beautiful dom-shaped, glossy shell with brown spots. When active the mantle completely envelopes the shell, thus it remains shiny and illustrous without encrusting organisms. The mantle has finger-shaped, forked appendages.

**Textil-Kegel** **Textile cone** ***Conus textile***

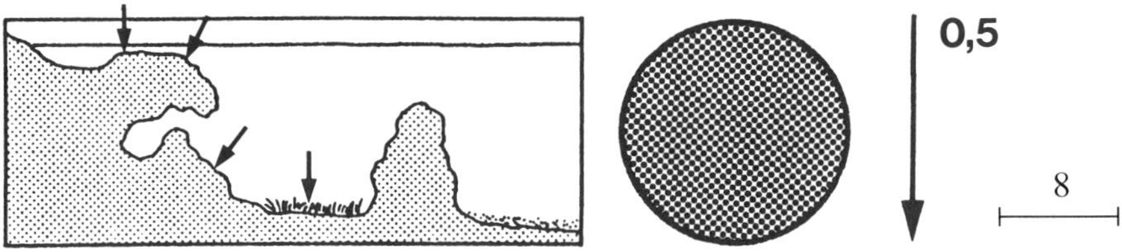


Eine Schnecke mit kegelförmiger Schale, welche zeltdachartig gemustert ist. Das Tier hat einen langen Rüssel mit einem giftführenden Harpunenzahn, damit tötet es seine Beute, z. B. andere Schnecken. Tagsüber unter Korallenblöcken versteckt. **Sehr gefährlich!**

A beautiful, cone-shaped shell with tent-like markings all over the surface. The snail has a long proboscis with poisonous harpoon-like teeth. It spears other snails and fishes. **Dangerous!**

Pantherschnecke – Panther cowrie – *Cypraea pantherina*

Textil-Kegel – Textile cone – *Conus textile*

## Horndeckel-Wurmschnecke — Horny worm snail
### *Dendropoma maximum*

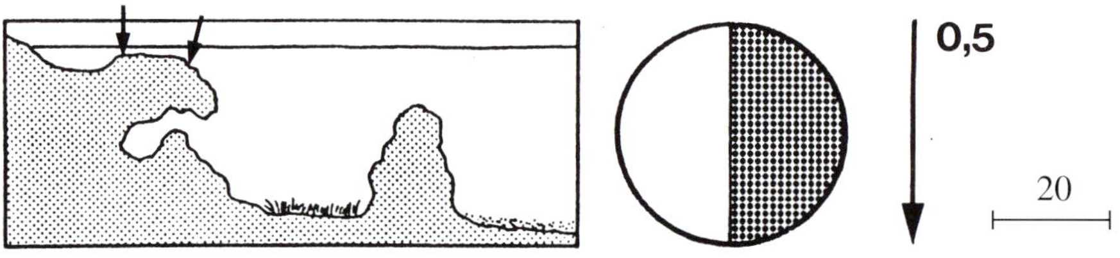


Die Wurmschnecke bewohnt selbstgebaute, gebogene Kalkröhren, die am Untergrund festgewachsen sind, diese können durch einen Horndeckel verschlossen werden. Sie legt Schleimfäden aus, um Plankton zu fangen. Gefangene Nahrung wird mit den Schleimfäden verschluckt.

Its long, curved shell ist mostly hidden in the coral rock. A horny plug blocks the entrance when the snail is withdrawn. It secretes fine mucus threads to trap plancton, then both is swallowed subsequently.

## Stachelkranz-Käferschnecke — Spiny chiton
### *Acanthopleura haddoni*

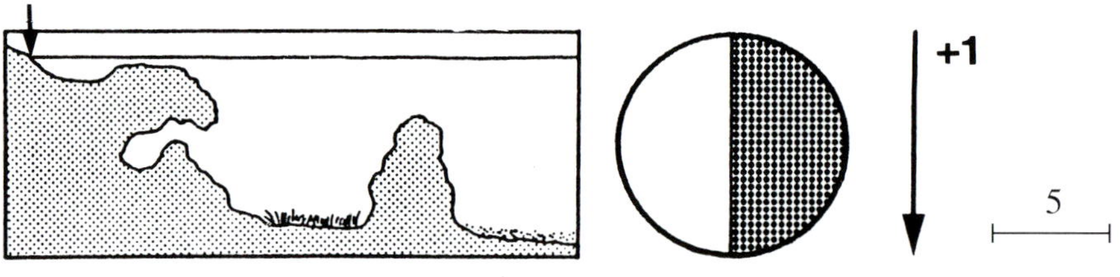


Sie hat eine Schale, die aus acht übereinander lappenden Platten besteht. Diese sind von einem breiten, stacheligen Mantel umgeben. Häufig an schattigen Plätzen unter Felsüberhängen oberhalb der Niederwasser-Linie.

Its shell consists of eight overlapping and characteristically notched plates, that are surrounded by a spiny girdle. Abundant on shady surfaces under overhanging rocks above the water line.

Horndeckel-Wurmschnecke – Horny worm snail – *Dendropoma maximum*

Stachelkranz-Käferschnecke – Spiny chiton – *Acanthopleura haddoni*

## MUSCHELN BIVALVES BIVALVIA

Muscheln sind gekennzeichnet durch zwei Schalenhälften, welche den weichen Körper der Tiere vollständig umgeben. Die Schalen sind über ein schmales, elastisches Band (Ligament) miteinander verbunden. Sie werden durch einen oder zwei starke Muskeln geschlossen. Die Strukturierung der Schalenoberfläche, ihre Färbung und die Bezahnung des Schloßrandes dienen der Artbestimmung. Muscheln sind gewöhnlich festgewachsen oder stecken im Untergrund, wo sie als lebendige Pumpen große Mengen an Wasser filtrieren. Sie ernähren sich von Plankton, das an den Kiemenreusen hängen bleibt.

Most characteristic are the two calcareous valves that enclose the soft body of these animals. They are united by an elastic ligament that controls their opening. One or two strong muscles close the shell. The shape and color of the valves as well as the number an shape of the hinge teeth are used for identification of the species. Bivalves live attached to hard bottom or buried in muddy or sandy areas by filtering plancton from the water they pump through their bodies in large amounts.

### Schuppige Riesenmuschel Scaly giant clam *Tridacna maxima*

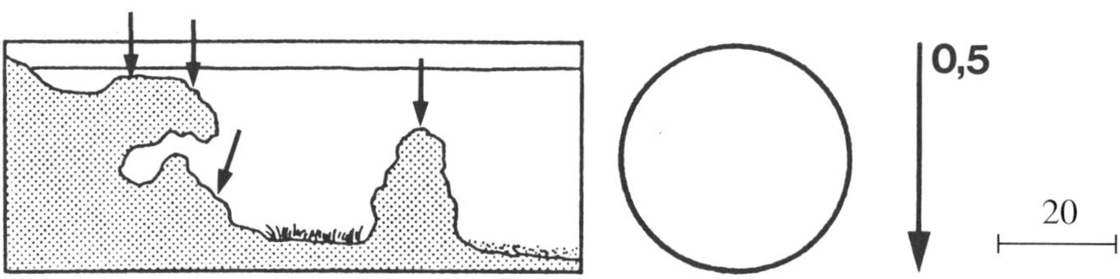


Ihre großen, gewellten Schalen sind meist tief im Korallengestein verwachsen. Der farbenprächtige, fleischige Mantel ist weit ausgestülpt; er enthält als Symbionten einzellige Algen (Zooxanthellen), welche die Muschel mit Photosyntheseprodukten versorgen.

This clam lives embedded in coral rocks with its wavy edges open to the sun. The mantle is brightly colored, because it contains symbiontic algae (Zooxanthellae) that carry out photosynthesis and feed the clam.

# BIVALVIA

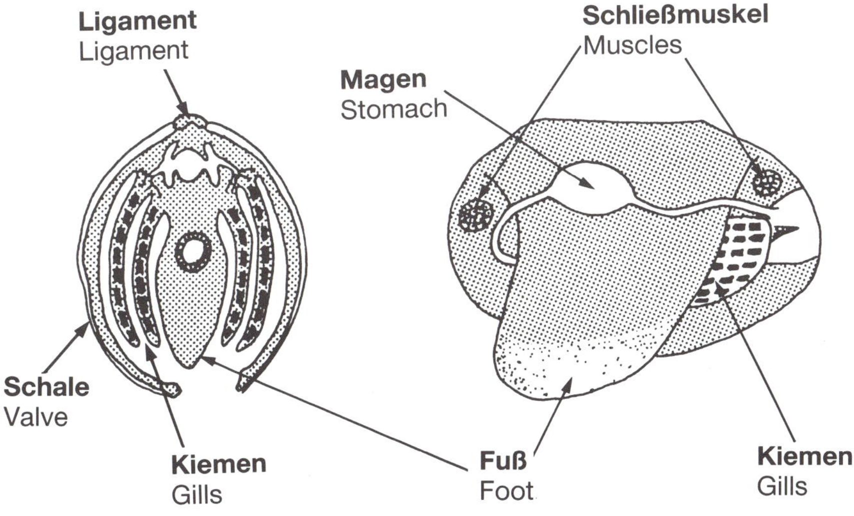


Schuppige Riesenmuschel – Scaly giant clam – *Tridacna maxima*

## Irisierende Kamm-Muschel  Iridescent clam  *Pedum spondylium*

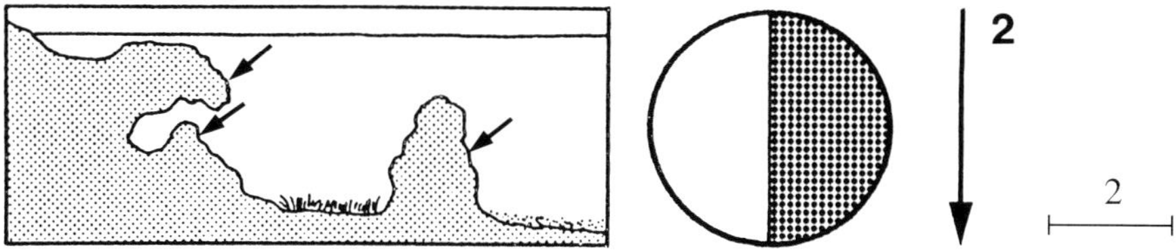


Eine länglich-ovale Muschel mit papier-dünnen Schalenklappen; der Mantelrand irisiert schwarzgrün. Diese Muschel kommt vor allem in Steinkorallen der Gattung *Goniastrea* (Bild) und *Porites* vor, dabei wird die Höhlung in der Koralle gerade soweit offengehalten, daß die Schalen noch knapp auseinanderklaffen können.

An almond-shaped bivalve with thin shells and greenish-black iridescent mantle margins. It attaches itself to the bottom of crevices between lobes of the massive corals *Goniastrea* (photo) and *Porites* and becomes completely surrounded by the coral.

## Ägyptische Flügelauster  Egyptian wing oyster  *Pteria aegyptica*

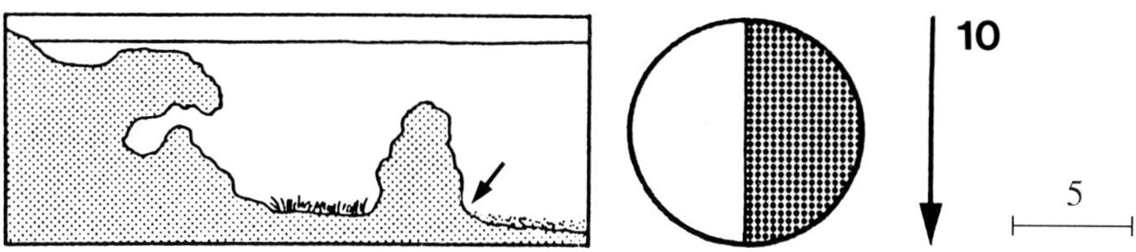


Sie hat geflügelte Schalen, welche gewöhnlich von krustigen Organismen bedeckt sind. Die Innenseite ist mit Perlmutt ausgekleidet. Sie ist oft gruppenweise an Horn- oder Feuerkorallen befestigt.

An oyster with winged valves that are covered with encrusting organisms. The inside is pearly. It lives attached to fans of horny corals or fire corals.

Irisierende Kamm-Muschel – Iridescent clam – *Pedum spondylium*

Ägyptische Flügelauster – Egyptian wing oyster – *Pteria aegyptica*

## KOPFFÜSSER CEPHALOPODS CEPHALOPODA

Kopffüßer haben gut entwickelte Augen und die Fähigkeit, ihr Farbmuster blitzschnell dem Untergrund anzupassen. Charakteristisch sind ihre langen Tentakel, gewöhnlich acht oder zehn, mit starken Saugnäpfen, welche um die Papageischnabel-bewehrte Mundöffnung stehen. Die Kiemen liegen geschützt in einer Mantelhöhle, welche in einem trichterartigen Rohr unter dem Kopf endet. Zur schnellen Fortbewegung wird Wasser aus der Mantelhöhle mit heftigen Muskelkontraktionen durch den Trichter gedrückt, wobei ein starker Rückstoß entsteht. Alle Kopffüßer sind Räuber; sie fangen vorzugsweise Krebse und kleinere Fische.

These mollusks are active predators, with large eyes and eight, ten or more grasping tentacles on their head. They can change color quickly. Most can swim rapidly by squirting out a jet of water through a funnel at the end of the head. Some have fins along the sides and rear. Their mouth is often armed with a strong horny beak that can inflict a painful bite. They feed on crustaceans and small fishes.

### **Drachensepia** **Dragon cuttle fish** ***Sepia prashadi***

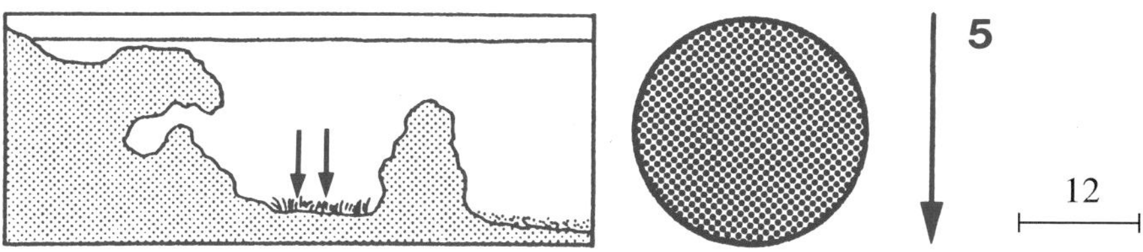


Diese Sepia hat einen abgeflachten Körper mit einem membranartigen Flossensaum. Charakteristisch sind die vielen dreieckförmigen Anhängsel und die Querstreifung der Körperoberfläche. Der Kopf trägt zehn Tentakel; die beiden längeren haben löffelartig verbreiterte Spitzen mit starken Saugnäpfen.

This chunky brown and white striped cuttle fish has ragged appendages on its back. It has ten tentacles, two are longer than the others and have spoon-like ends with strong suckers.

# CEPHALOPODA

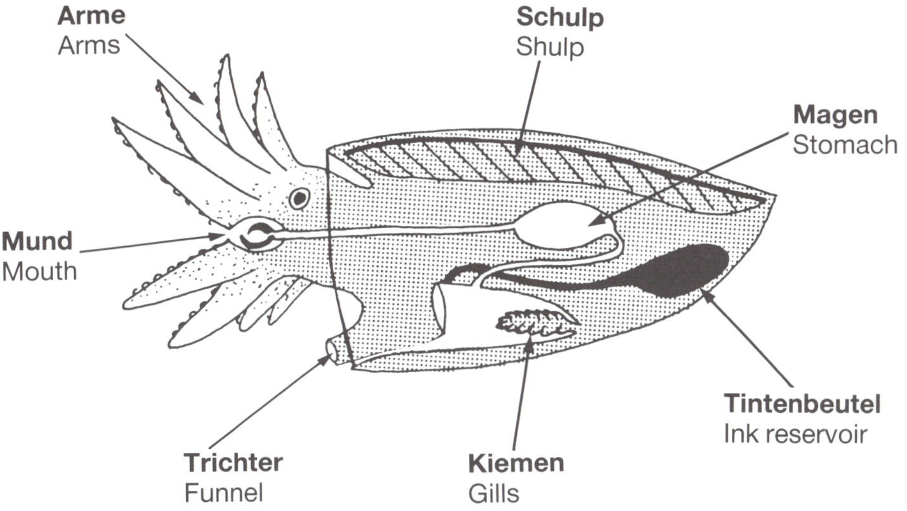


Drachensepia – Dragon cuttle fish – *Sepia prashadi*

## Grünaugen-Sepia **Bigfin reef squid** *Sepioteuthis lessoniana*

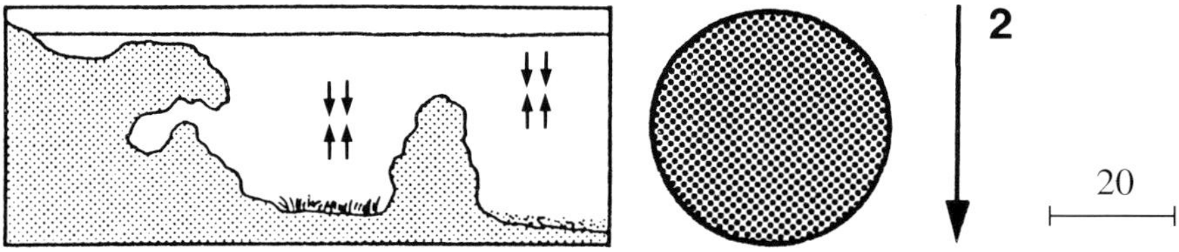


Ein schneller Kalmar mit einem torpedoförmigen Körper. Das Farbenspiel der Haut gleicht dem eines Opals, rote Farbkleckse dominieren. Auf den Körperflanken verläuft ein breiter, membranöser Flossensaum. Der Kopf hat auffällig große Augen und zehn Tentakel. Die beiden Fangtentakel sind nahezu körperlang.

An actively swimming squid; the mantle is bordered along nearly its entire length by membranous fins that give an elliptical appearance. Its head has relatively large eyes and ten long tentacles. The opalescent skin contains purple colorcells.

## Warziger Oktopus **Warty octopus** *Octopus rugosus*

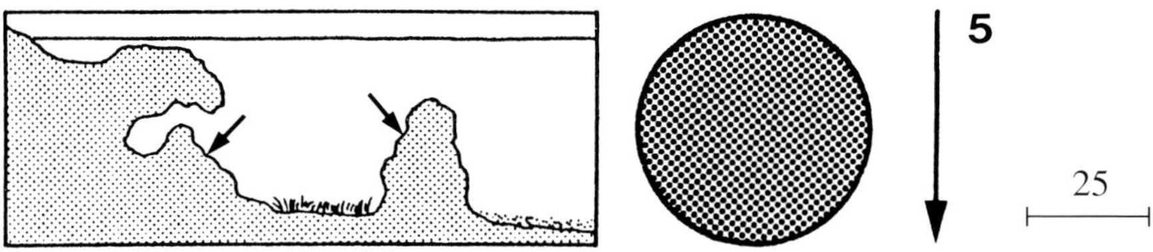


Sein gedrungener, sackförmiger Körper ist mit großen Warzen übersät. Der Kopf besitzt acht gleichlange Tentakel mit zwei Reihen von Saugnäpfen. Er versteckt sich tagsüber unter Korallenblöcken.

This octopus is characterized by numerous wart-like appendages scattered over the sack-shaped body. The head has eight tentacles of equal length which bear two rows of suckers. It usually hides amongst coral rocks during the day.

Grünaugen-Sepia – Bigfin reef squid – *Sepioteuthis lessoniana*

Warziger Oktopus – Warty octopus – *Octopus rugosus*

## FEDERSTERNE FEATHER STARS CRINOIDEA

Sie besitzen ein Vielfaches von fünf Federarmen, gewöhnlich zehn oder zwanzig, die an einem winzigen, diskusförmigen Körper angewachsen sind. Zur Fortbewegung dient eine Anzahl gliedreicher Füßchen (Cirri). Sie schlafen tagsüber zusammengerollt zwischen Korallengeäst. Nachts wandern sie zu einem Freßplatz und fangen mit ihren Armen Plankton.

These beautiful relatives of the star fish have feathery arms in multiples of five, radiating from a tiny central disk. They move and hold on with stilt-like feet called cirri. In the daytime they hide curled up between coral branches, where they can hardly be seen, but at night they cover the reef like beautiful flowers. They catch plankton.

### Chadwick's Federstern Chadwick's feather star

***Decametra chadwicki***

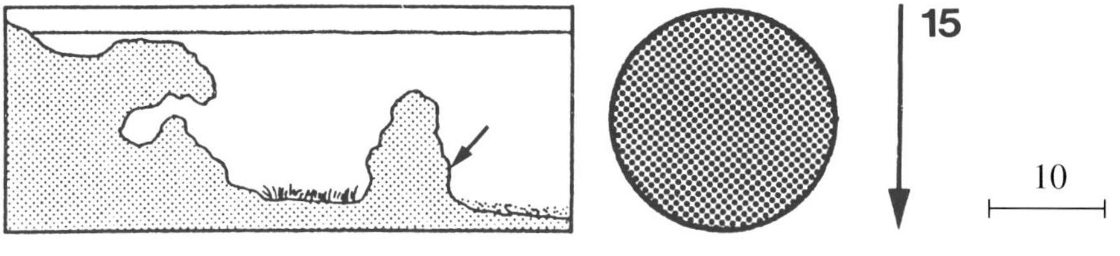


Dieser Federstern hat zehn etwa gleichlange Arme. Charakteristisch sind die Querrippen auf den mittleren Cirrus-Segmenten, die Endglieder tragen paarige Zäpfchen. Häufig auf Gorgonien in größerer Tiefe.

This feather star has ten arms. The cirri are characteristically shaped with transverse ridges on the middle segments and single spines or tubercules on the last few segments. Common on gorgonians in deeper water.

# CRINOIDEA

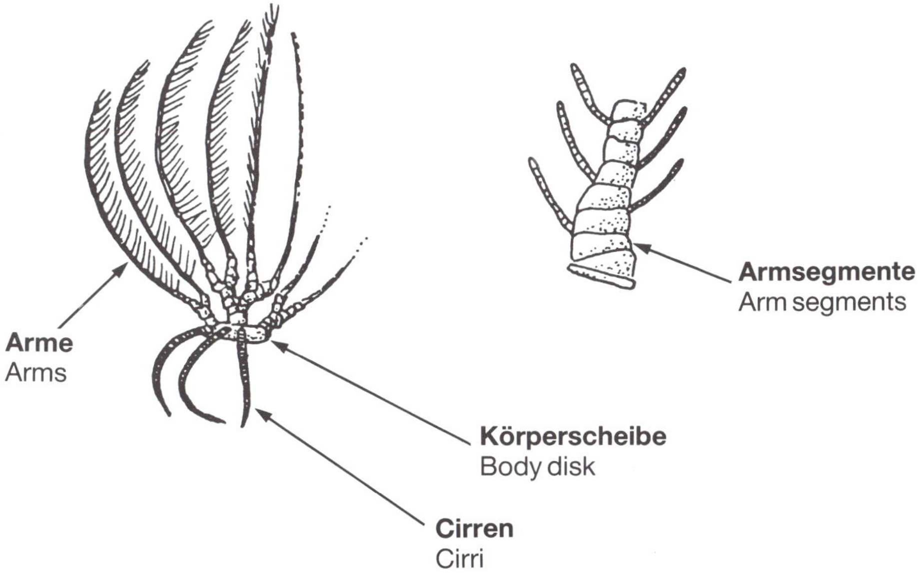


Chadwick's Federstern – Chadwick's feather star – *Decametra chadwicki*

## Klunzinger's Federstern — Klunzinger's feather star

*Lamprometra klunzingeri*

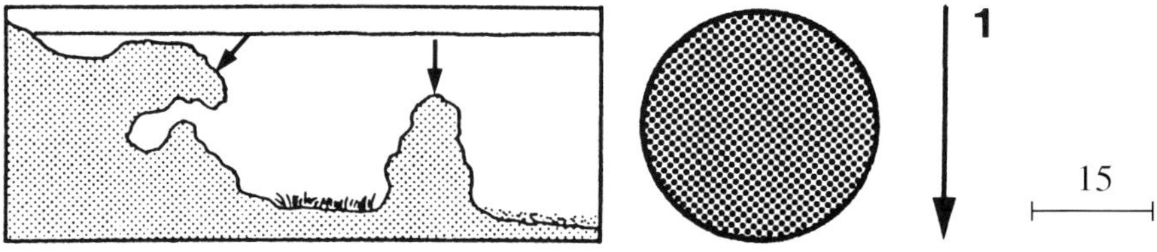


Dieser gebänderte Federstern hat zwanzig etwa gleichlange Arme. Zwei Segmente liegen zwischen der Körperscheibe und der ersten Verzweigung der Arme; die Cirren sind genoppt. Er ist häufig auf Feuerkorallen in Gesellschaft von Savigny's Federstern.

This feather star has twenty equal arms that branch first after the second segment and adorn this beautiful feather star with bands of color. Its relatively short cirri have little nipples. It is common on fire corals.

## Savigny's Federstern — Savigny's feather star

*Heterometra savigny*

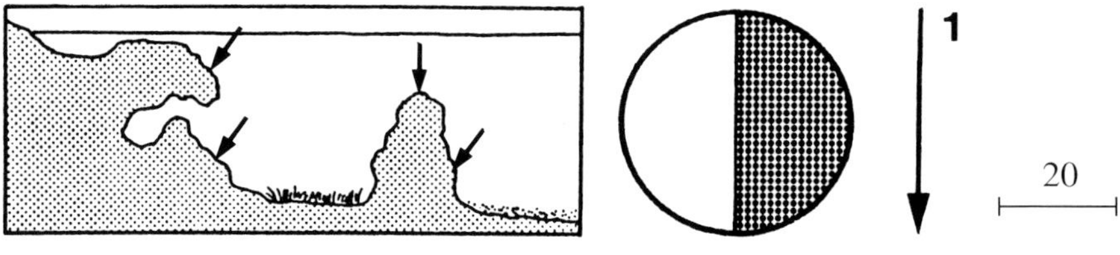


Ein Federstern mit zwanzig etwa gleichlangen Armen. Vier Segmente liegen zwischen der Körperscheibe und der ersten Verzweigung der Arme. Die langen Cirren tragen sägezahnförmige Anhängsel. Häufig auf Feuerkorallen. In größerer Tiefe fängt er auch tagsüber Plankton.

This like Klunzinger's Feather Star, lives on Fire coral, however in deeper water it feeds on plankton at daytime. The arms branch first after the fourth segment. Its cirri are long and have saw tooth-like appendages.

Klunzinger's Federstern – Klunzinger's feather star – *Lamprometra klunzingeri*

Savigny's Federstern – Savigny's feather star – *Heterometra savigny*

## SCHLANGENSTERNE BRITTLE STARS OPHIUROIDEA

Schlangensterne haben fünf dünne, peitschenförmige Arme, welche gewöhnlich mit langen, nadelförmigen Stacheln besetzt sind. Sie kriechen oder schwimmen mit schlängelnden Bewegungen. Am Tage leben sie versteckt unter Steinen oder zwischen Korallenzweigen. Schlangensterne fressen Plankton oder organischen Abfall (Detritus) des Seegrundes beziehungsweise der Wasseroberfläche.

Brittle stars bear five thin, whip-shaped arms, usually with long needle-like spines. They crawl or swim with serpentine, sinous motion. At daytime they live hidden under stones or between the branches of corals. Brittle stars feed on plankton or organic debris of the sea bottom or the water surface.

### Purpur-Haarstern Purple brittle star *Ophiothrix purpurea*

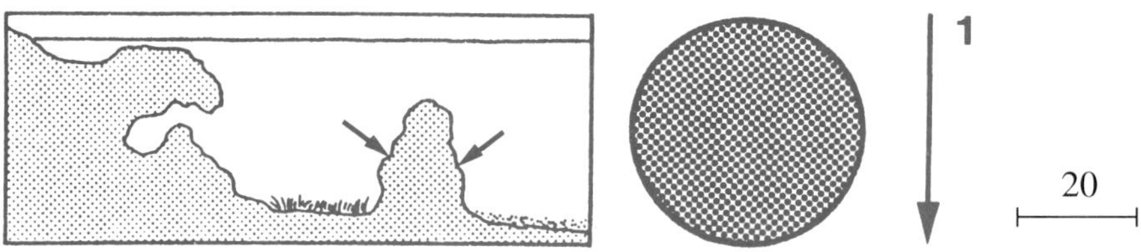


Seine gelappte Körperscheibe ist wie die Armoberseite purpurfarben gebändert; die Stacheln sind glasartig transparent und viel länger als die Armsegmente breit. Man findet sie häufig zwischen Feuer- und Brokkoli-Korallen.

The caracteristic purple line on each arm also extends across the lobed body disk. The arms have glassy needle-like spines, that are longer as the segments broad. Common on Fire and Broccoli corals.

# OPHIUROIDEA

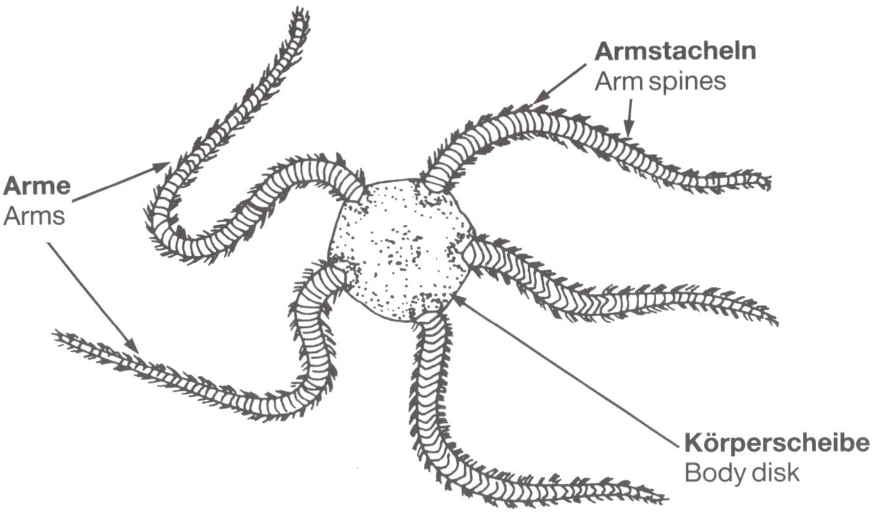


Purpur-Haarstern – Purple brittle star – *Ophiothrix purpurea*

## Gorgonenhaupt — Basket star — *Astroboa nuda*

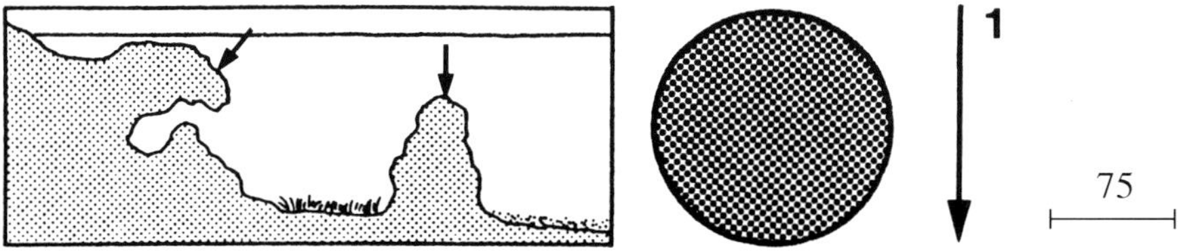


Dieser Schlangenstern hat fünf filigranartig verzweigte, parabolförmig gebogene Arme, welche nachts einen riesigen Fächer bilden, um Plankton zu fangen. In starkem Scheinwerferlicht knäueln sich seine Arme sofort zusammen. Tagsüber lebt er versteckt in Hohlräumen des Riffs.

The five arms of this beautiful brittle star branch over and over again until they become net-like. The tips of this giant fan catch plankton. The basket star is very sensitive to light and hides during the daytime in crevices of the reef.

## Riffdach-Schlangenstern — Reefcrest brittle star — *Ophiocoma scolopendrina*

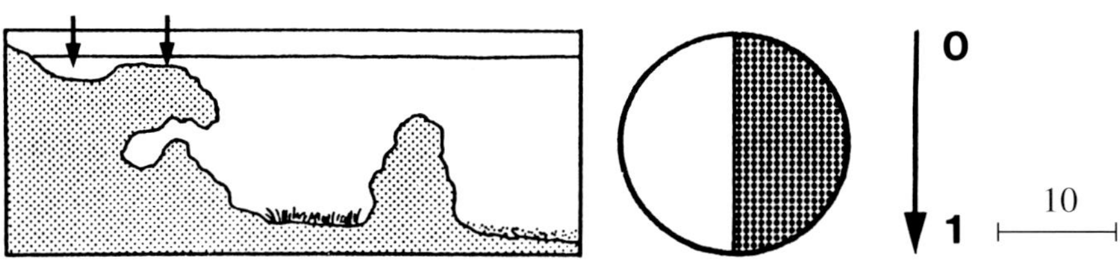


Ein Schlangenstern mit granulierter Körperscheibe. Die stumpfen Stacheln sind länger als die Armsegmente breit. Charakteristisch ist seine Nahrungsaufnahme; er fischt mit seinen Armen den hauchdünnen, organischen Film von der Wasseroberfläche ab. Häufig in Massenansammlungen.

A brittle star with a noduled body disk. Its blunt spines are longer as the armsegments broad and it feeds at the water surface, on organic debris. Large groups.

Gorgonenhaupt – Basket star – *Astroboa nuda*

Riffdach-Schlangenstern – Reefcrest brittle star – *Ophiocoma scolopendrina*

## SEESTERNE STARFISHES ASTEROIDEA

Seesterne besitzen in der Regel fünf steife Arme, wenige Arten haben mehr. Die Mundseite ist dem Boden zugekehrt. Auf Hunderten von Saugfüßchen, welche in Rinnen auf der Unterseite jedes Armes stehen, bewegen sie sich langsam über den Meeresgrund. Diese entwickeln eine enorme Saugkraft; mit ihrer Hilfe können Seesterne sogar Muscheln öffnen. Zum Fressen wird der Magen oft ausgestülpt.

The arms of sea stars are stiff and the animals move slowly by gliding along hundreds of tube feet projecting from grooves in each arm. The mouth is on the bottom. Some are strong enough to open oysters and mussels with the suction cups on their tube feet, then the stomach is inserted between the valves to eat the mollusk.

### Ägypter-Seestern Egyptian starfish *Gomophia aegyptiaca*

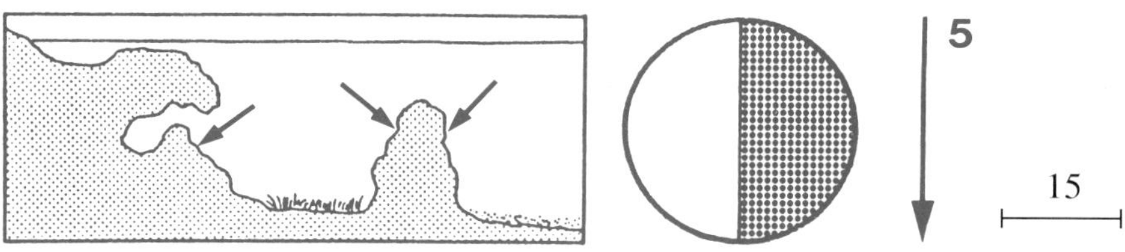


Ein unverwechselbarer Seestern mit schlanken, runden Armen. In der Körperhaut (Epidermis) liegen ovale Skelettplatten mit kegelförmigen, spitzen Auswüchsen.

This distinctive sea stark has slender arms, that are almost circular in cross-section. Its conical plates embedded in the skin, are often crowned with an enlarged nipple-like, spiny tubercle.

# ASTEROIDEA

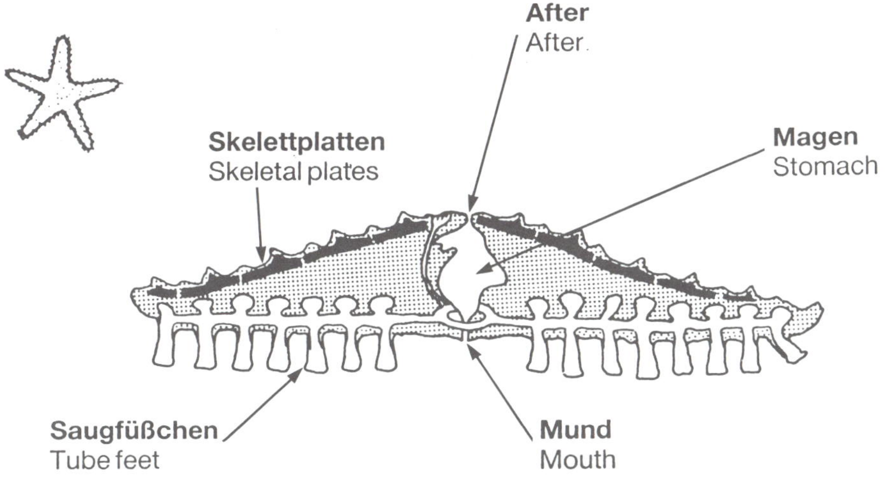


Ägypter-Seestern – Egyptian starfish – *Gomophia aegyptiaca*

## Weißroter Röhrenstern | Leach's sea star | *Leiaster leachi*

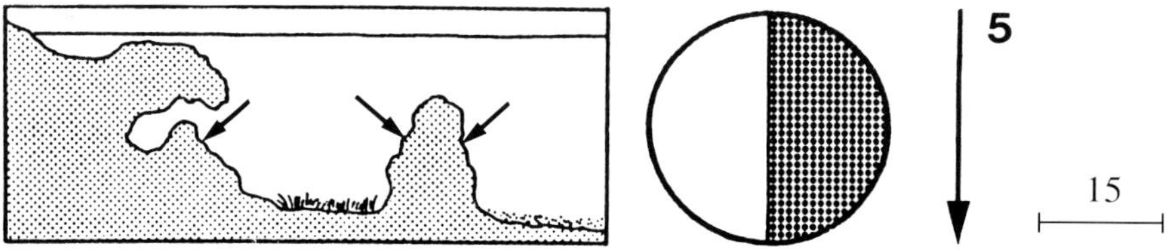


Ein glatter, gefleckter Seestern mit ungleich langen, schlanken, runden Armen, die sich an der Spitze verjüngen; Amputationen sind bei dieser Art häufig. Aus abgerissenen Armen können sich über sogenannte Kometenformen (Name!) vollständige Tiere regenerieren.

A sea star with tapering arms that are not all the same length and may vary in number. It is fairly smooth and has a mottled appearance. Broken arms regenerate to complete animals via comet forms.

## Walzenstern | Granular starfish | *Choriaster granulatus*

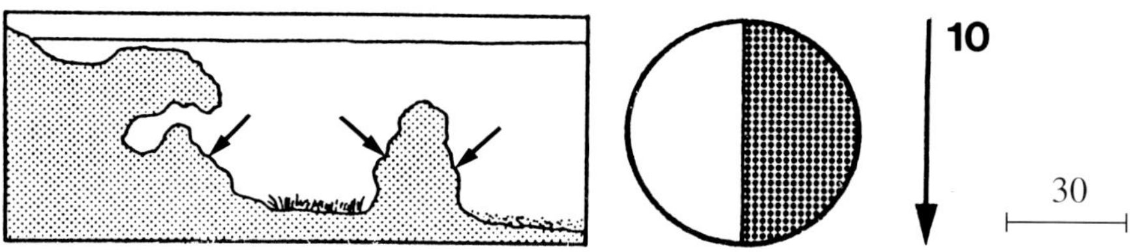


Ein herrlicher Seestern mit kurzen, massigen Armen. Ein kleiner Nippel ziert die abgerundeten Spitzen. Die gefleckte Oberfläche ist glatt und stachellos. Er frißt Korallenpolypen und andere kleine, wirbellose Tiere.

A distinctive sea star with a smooth granular body and stout arms, that bear small nippels. It feeds on coral polyps and other small invertebrates.

Weißroter Röhrenstern – Leach's sea star – *Leiaster leachi*

Walzenstern – Granular starfish – *Choriaster granulatus*

**Roter Maschenstern** **Red mesh star** ***Fromia monilis***

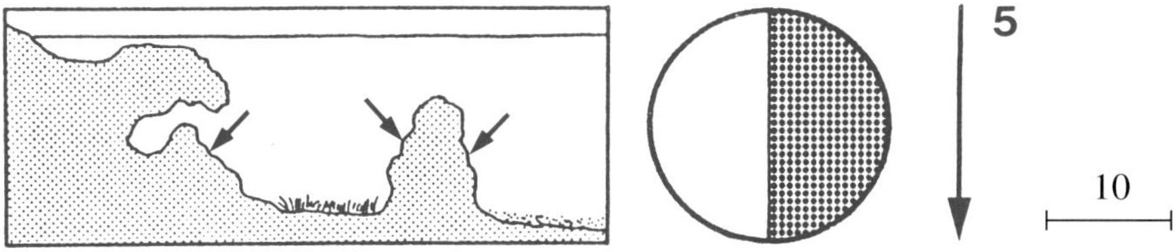


Dieser Seestern hat flache, stachellose Arme. Die granulierte Oberhaut enthält große Skelettplatten, welche die Elastizität des Körpers stark einschränken. Er bricht daher auseinander, wenn man ihn zu stark biegt.

This sea star has flat, spineless arms. Large skeletal plates in the skin decrease the flexibility of the body, so they cannot bent much without breaking.

**Hurghada Stern** **Hurghada star** ***Fromia ghardaqana***

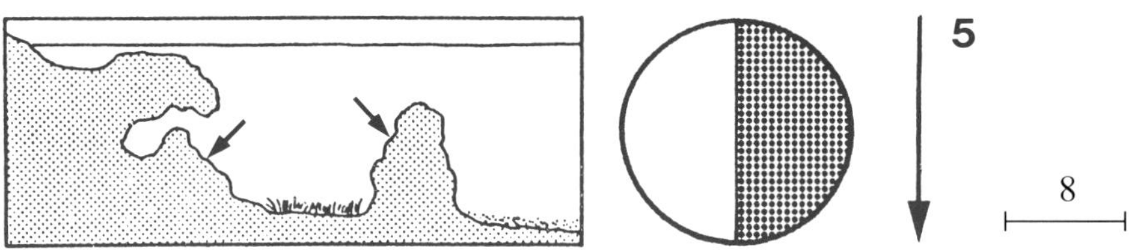


Er hat flache, stachellose Arme. Seine granulierte Körperfläche ist regelmäßig gepunktet. Mit zunehmendem Alter wandeln sich die Männchen in Weibchen um. Farbvarianten.

Rows of light spots mark the granulated, flattened arms of this sea star. There is a lot of variations in color and males change into females as they grow older.

Roter Maschenstern – Red mesh star – *Fromia monilis*

Hurghada Stern – Hurghada star – *Fromia ghardaqana*

## Dornenkrone — Crown of thorns — *Acanthaster planci*

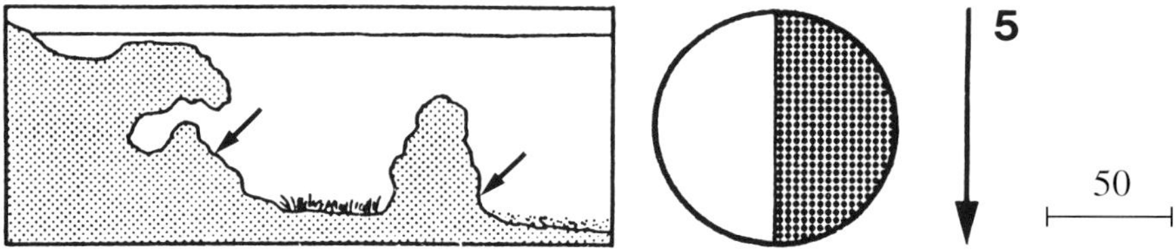


Ein gefährlicher Seestern mit neun bis dreiundzwanzig Armen. Seine Körperoberfläche ist dicht mit langen, scharfen Stacheln bedeckt und scheidet einen stark giftigen Schleim nach außen ab. Er hat kräftige Saugfüßchen, mit denen er sich auf Korallenblöcken festhält, die er radikal abweidet. **Nicht anfassen!**

This sea star has nine to twenty-three arms radiating out from the large central disk. Its back is covered with large sharp spines, that inflict a painful wound. It has big tube feet to hold onto coral heads, where it feeds on coral polyps. **Don't touch!**

## Braungepunkteter Kammstern — Brown spotted comb star
## *Astropecten polyacanthus*

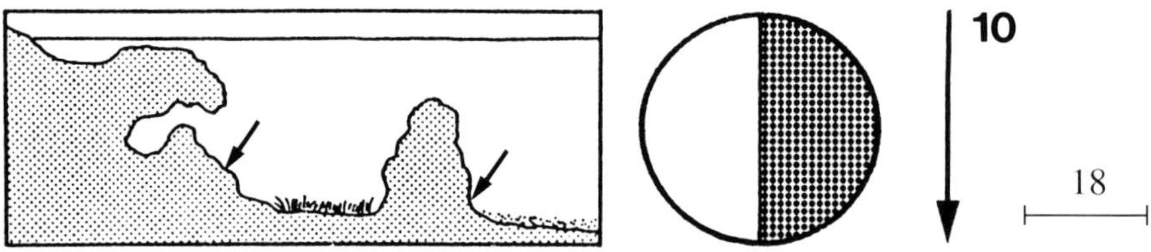


Ein flacher Seestern mit langen, zahnförmigen Stacheln, welche an den Armflanken kammförmig angeordnet sind. Häufig auf Sandgrund.

A flat sea star with long spines, that are arranged in rows like teeth on a comb. Common on sandy bottom.

Dornenkrone – Crown of thorns – *Acanthaster planci*

Braungepunkteter Kammstern – Brown spotted comb star – *Astropecten polyacanthus*

## SEEIGEL SEA URCHINS ECHINOIDEA

Ihr ovaler oder im Extremfall scheibenförmiger Körper (Sand-Dollare) besitzt keine Arme. Ineinander verwachsene Skelettplatten bilden ein Gehäuse, durch das fünf Doppelreihen an Saugfüßchen ragen (Ambulakralplatten). Lange, bewegliche Stacheln stehen über das ganze Gehäuse verteilt, besonders häufig auf den breiteren Interambulakralplatten. Seeigel fressen hauptsächlich Algen, die sie mit ihrem starken, fünfzähnigen Gebiß vom Untergrund abschaben.

The body of these relatives of the starfish, varies from nearly round balls in sea urchins to flat disks in sand-dollars. The body is covered with long, movable spines and there are five double rows of tube feet. Their mouth bears five strong teeth and is turned down to the bottom, where sea urchins graze on algae and detritus.

### Riffdachseeigel Reef crest urchin *Echinometra mathaei*

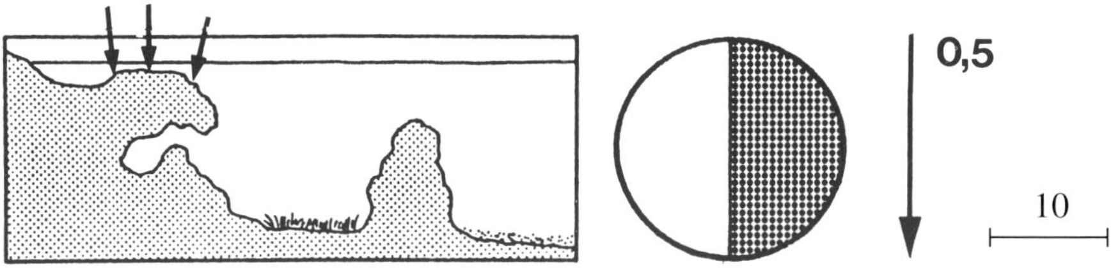


Ein Seeigel mit starken, an der Basis weiß beringten Stacheln. Er lebt in größeren Gruppen auf dem Riffdach (Name!), wo er sich Grotten ins Korallengestein gräbt.

A sea urchin with strong spines having a white ring at their bases. It lives in large numbers on the reef crest, digging cavities in the coral rock to protect itself.

# ECHINOIDEA

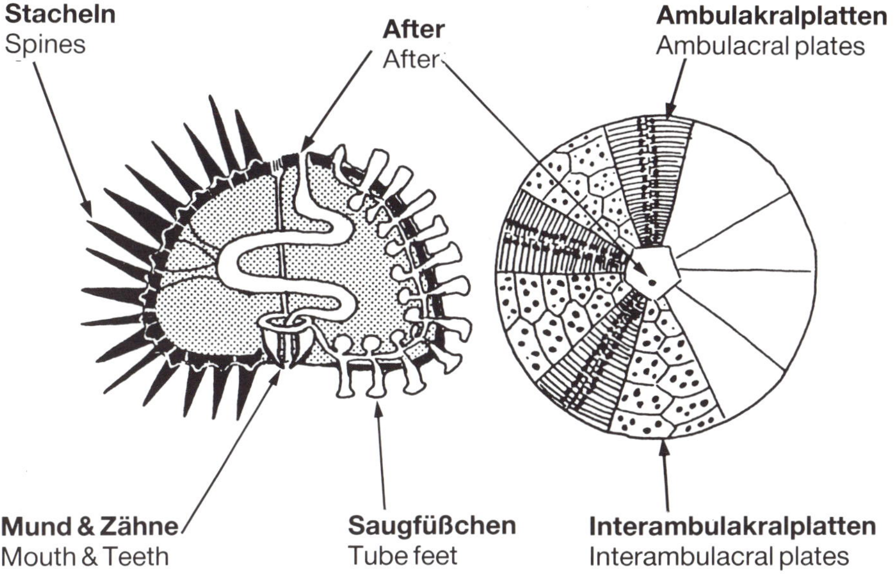


Riffdachseeigel – Reef crest urchin – *Echinometra mathaei*

## Variabler Griffelseeigel — Variable pencil urchin
*Heterocentrotus mammilatus*

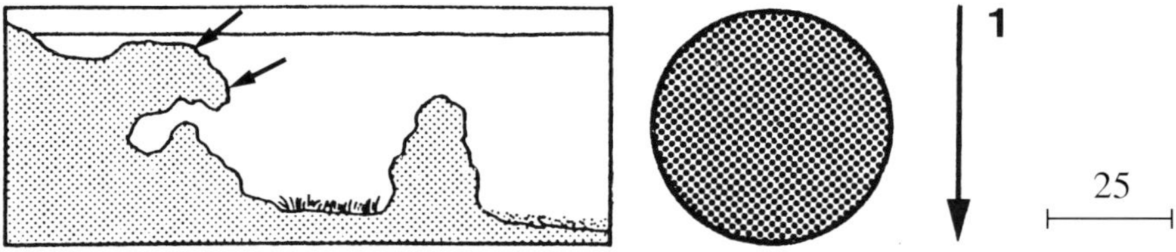


Dieser Seeigel hat dicke, dreikantige, glatte Primärstacheln mit teilweise abgeflachter, gebändeter Spitze; die viel kleineren Sekundärstacheln sind nagelförmig ausgebildet. Die Primärstacheln wurden früher als Tafelgriffel verwendet. Er verklemmt sich tagsüber in den Spalten des Riffs.

This sea urchin has thick, triangular, smooth primary spines that bear stripes. The secondary spines are smaller like nails. The primary spines were used to write on blackboards. Common, but hidden in crevices at daytime.

## Lanzenseeigel — Lance urchin — *Phyllacanthus imperialis*

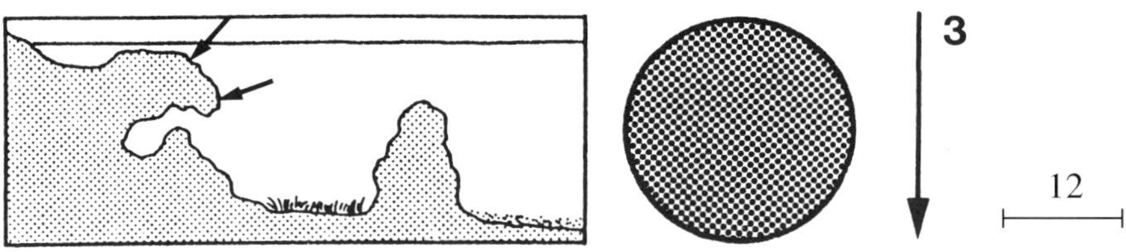


Ein Seeigel mit dicken, runden, massiven Stacheln. Die gerillte Oberfläche älterer Stacheln ist immer stark bewachsen. Genauso wie die Griffel-Seeigel verkeilt auch er sich tagsüber in Löchern und Spalten des Riffs.

A sea urchin with long, thick, massive spines. They are groved and usually encrusted with other organisms. At daytime, it lives hidden in holes and clefts of the reef.

Variabler Griffelseeigel – Variable pencil urchin – *Heterocentrotus mammilatus*

Lanzenseeigel – Lance urchin – *Phyllacanthus imperialis*

## **Pfaffenhutseeigel** **Parson's hat urchin** *Tripneustes gratilla*

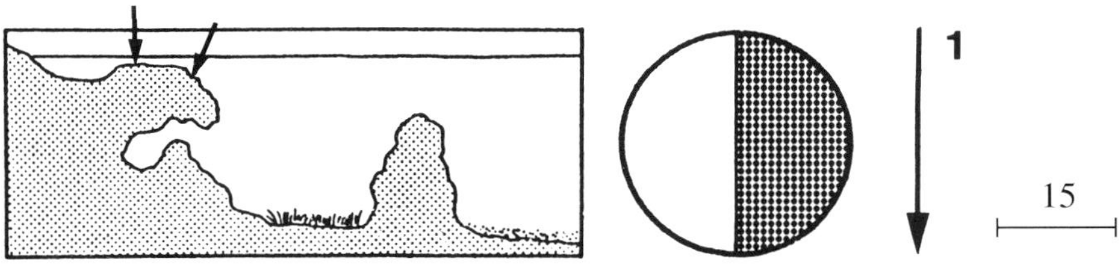


Dieser fünfeckige Seeigel hat relativ kurze Stacheln, die vorzugsweise auf den Interambulakralplatten stehen. Dazwischen drängen sich starke Saugfüßchen. Er tarnt sich mit Algen und Schalenbruchstücken. Farbvarianten.

This sea urchin looks like a five-sided hat with lots of short spines and has strong tube feet that hold algae and shells on its top surface. Color variations.

## **Stecknadelkopf-Seeigel** **Pin cushion urchin** *Asthenosoma varium*

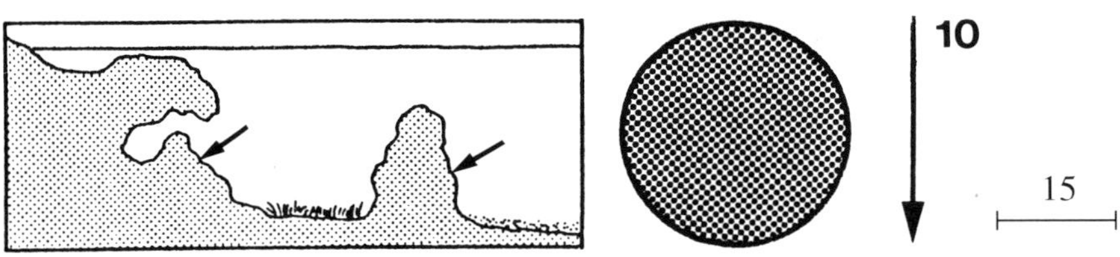


Ein Seeigel mit einem ovalen, ledrigen Gehäuse. Die kurzen Stacheln tragen weiße Giftsäckchen; lange Stacheln stehen nur in der Nähe des Mundfeldes. **Nicht berühren!** Bei der nächst verwandten Art ***A. intermedium*** liegen die Stacheln in kammförmigen Reihen.

The leathery shell of this dangerous sea urchin has long spines near the bottom and short ones, that bear white bubbles, filled with poison. **Don't touch!** Its relative ***A. intermedium*** has comblike arranged spines.

Pfaffenhutseeigel – Parson's hat urchin – *Tripneustes gratilla*

Stecknadelkopf-Seeigel – Pin cushion urchin – *Asthenosoma varium*

**Diademseeigel** **Diadem urchin** ***Diadema setosum***

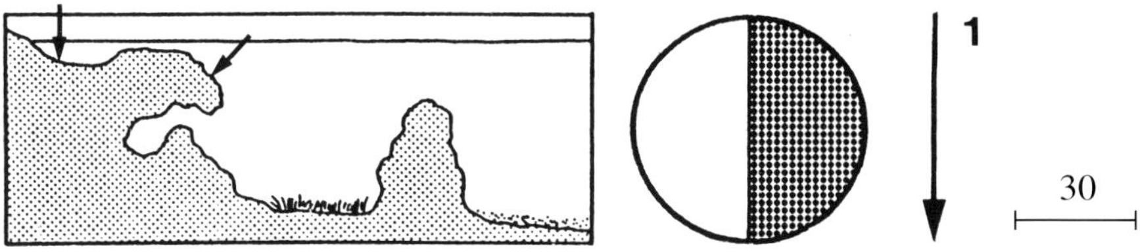


Ein Seeigel mit langen, dünnen Stacheln, die bei Berührung sofort abbrechen. Auf freien, deckungslosen Flächen bildet er mit anderen große Gruppenaggregate. **Verletzungsgefahr!**

This sea urchin has long, brittle spines that break immediately when touched. In open areas it joins with other forming large aggregations. **Harmfull!**

**Sanddollar** **Sanddollar** ***Clypeaster humilis***

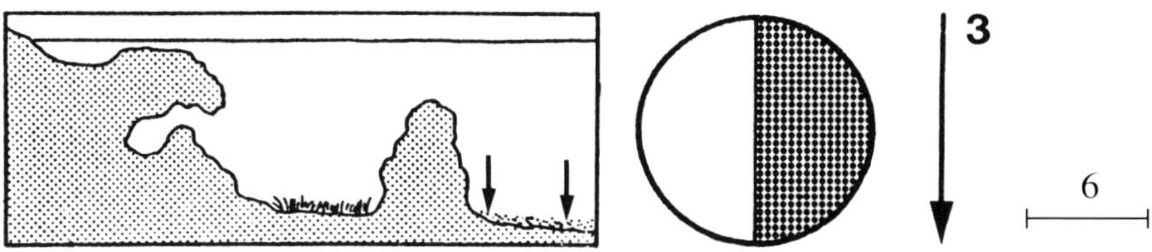


Sein ovales, scheibenförmiges Gehäuse (Name!) trägt kurze, borstenförmige Stacheln; im Zentrum findet man die kleine Mundöffnung, welche immer dem Boden zugewandt ist. Das Tier lebt in sandigem Untergrund, dicht unter der Oberfläche vergraben.

Its oval disk-shaped shell bears short bristle-like spines. It lives buried in sandy areas feeding on detritus.

Diademseeigel – Diadem urchin – *Diadema setosum*

Sanddollar – Sanddollar – *Clypeaster humilis*

## SEEGURKEN SEA CUCUMBERS HOLOTHUROIDEA

Diese Tiere sind eng verwandt mit den Seesternen. Sie haben einen gurkenförmigen bis wurstartigen Körper ohne Arme und Stacheln. Das Skelett ist bis auf Kalkplättchen und Kalknadeln reduziert, welche in die lederartige Haut eingebettet sind. Sie dienen der genauen Artbestimmung. Der Rücken ist oft mit nippelförmigen Fortsätzen besetzt. Saugfüßchen stehen hauptsächlich auf der Bauchseite. Bei grober Berührung stoßen viele Arten zur Abschreckung stark klebrige Fäden aus. Das Fleisch ist gewöhnlich giftig, manche Arten werden aber in Asien nach spezieller Vorbehandlung gegessen.

These relatives of the sea stars have a leathery, cucumber- or sausage-shaped body without arms and spines. Their skeleton is reduced to a few scattered calcareous plates embedded in the leathery body wall. They are an important taxonomic feature. Usually the back is covered with nipple-like or warty appendages. Tube feet are mostly on the bottom. Some kinds cast out sticky threads when disturbed. Their flesh is poisonous to eat, but after special preparation some species are used for food in the orient.

### Strichel-Seegurke Striated sea cucumber *Bohadschia graffei*

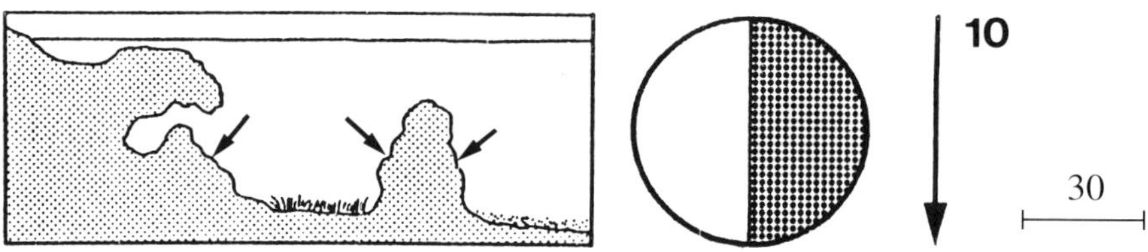


Die papillöse Oberfläche dieser Seegurke hat eine charakteristische Musterung aus eckigen Punkten und kurzen Strichen. Sie weidet mit ihren schildförmigen, schwarzen Tentakeln krustige Organismen von toten Korallenblöcken ab.

The back of this cucumber is covered with nipples and has a characteristic pattern of points and short streaks. If feeds on encrusting organisms, with its shield-shaped black tentacles.

# HOLOTHUROIDEA

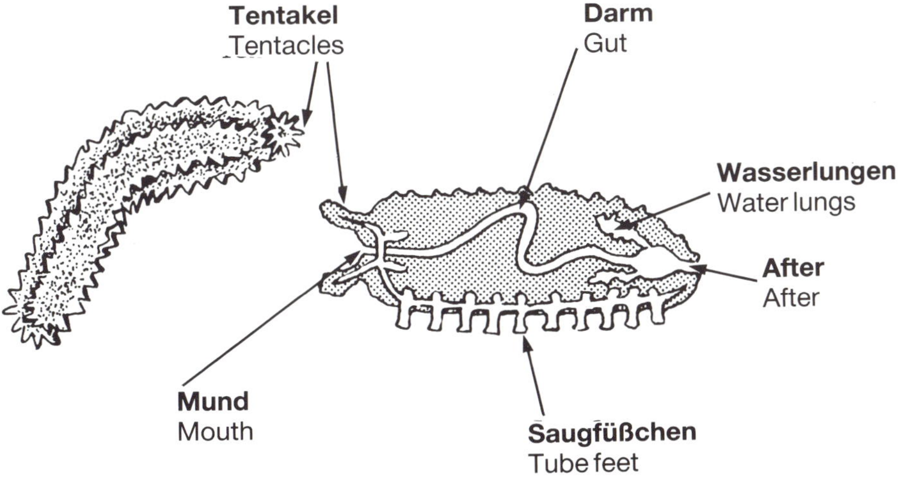


Strichel-Seegurke – Striated sea cucumber – *Bohadschia graffei*

## Zipfel-Seegurke — Tubercle sea cucumber

*Stichopus monotuberculatus*

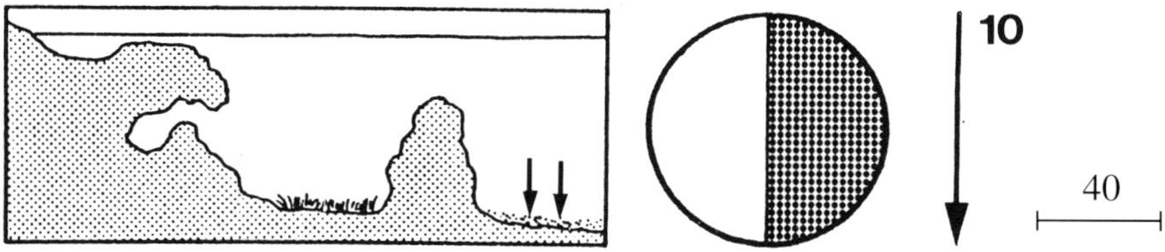


Diese Seegurke hat einen stumpfen, fünfkantigen Körper mit zipfelförmigen, vollständig einziehbaren Anhängseln. Sie verschlingt große Mengen an Bodensediment, aus dem sie das organische Material verwertet. In der Nähe des Afters findet man immer ein Pärchen Imperator-Garnelen.

This large, blunt, squarish sea cucumber has warty tubercules, that can be with-drawn. It swallows large amounts of sand and mud from which it extracts nutritive material. Usually a pair of imperial shrimps is living near its anus.

## Klebrige Schlangen-Seegurke — Sticky snake cucumber

*Synapta maculata*

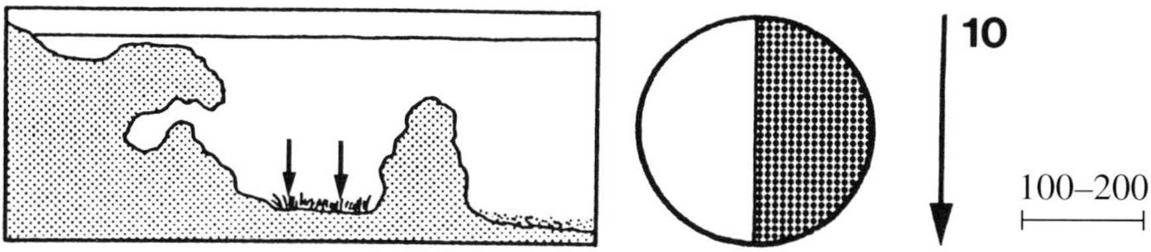


Eine Seegurke mit einem schlangenförmigen, stark dehnbaren Körper. Die papierdünne Körperwand enthält kleine, ankerförmige Häkchen, daher bleiben die Tiere an den Fingern kleben. Bei Störung ziehen sie sich sofort zusammen. Sie fressen mit ihren blattförmigen Tentakeln Bodensediment.

This snake-like animal has a highly extensible body and leaf-shaped tentacles. It tends to stick to the fingers due to the presence of tiny hooks in the transpa-rent body wall. It feeds on bottom sediment and contracts immediately when disturbed.

Zipfel-Seegurke – Tubercle sea cucumber – *Stichopus monotuberculatus*

Klebrige Schlangen-Seegurke – Sticky snake cucumber – *Synapta maculata*

## MANTELTIERE TUNICATES TUNICATA

In der Mehrzahl flaschenförmige Tiere, welche einzeln oder in großen Kolonien vorkommen. Seescheiden haften fest am Untergrund, während Salpen frei schwimmen. Ihr Körper ist von einer gelatinösen oder ledrigen Hülle (Tunica) umgeben. Sie haben gewöhnlich zwei erhobene Körperöffnungen, einen Ansaugsiphon und einen Ausfuhrsiphon, über die der Wasserstrom durch den Körper geleitet wird. Ihr großer Kiemenkorb dient der Atmung und dem Nahrungserwerb; eine Flimmerrinne produziert an seinem Boden lange Schleimbänder, an denen kleinste Planktonpartikel hängen bleiben.

Sea squirts look a little like sponges. Some are single, large, leathery animals attached to the bottom. Others form colonies of small individuals in a common jelly-like mass that spread over a firm surface. Salps are free swimming. Water is pumped through an elevated opening into a large gullet with basked-shaped gills. They filter the plancton by producing strings of mucus, that trap the smallest particles including bacteria. Then the water is expelled through the exhalant opening.

### Zwerg Mikrokosmos Dwarf mikrocosmos *Microcosmus pupa*

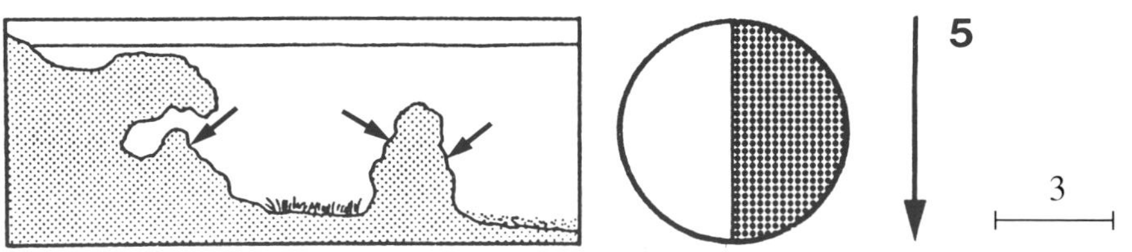


Eine Seescheide mit runzeligem, knotigem Mantel, der oft mit Schlamm oder fädigen Algen besetzt ist. Die vierklappigen, rot-weiß gebänderten Öffnungen klaffen weit und ragen in dieselbe Richtung. Häufig in Spalten!

A sea squirt with a wrinkled, knotty mantle and with red and white banded openings which have four flaps looking like a cross when closed. It is usually covered with mud or threads of small algae. Common in clefts.

# TUNICATA

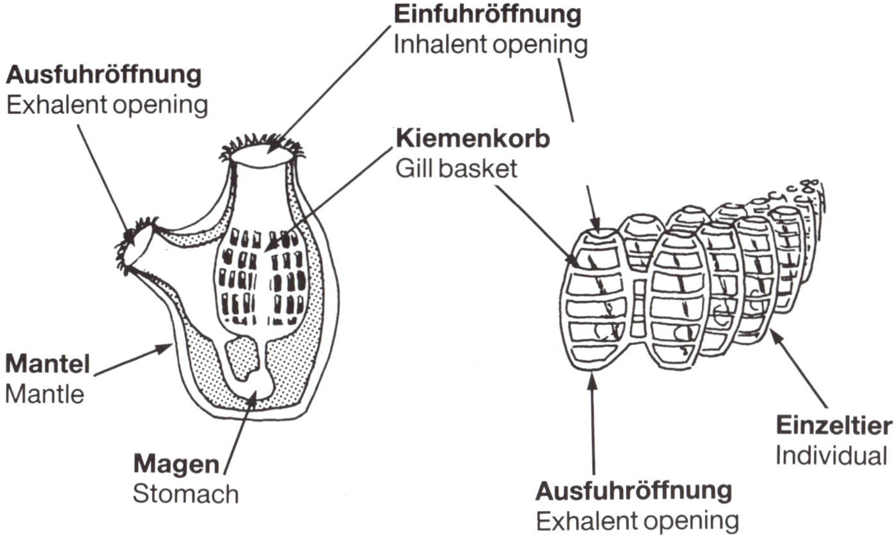


Zwerg Mikrokosmos – Dwarf mikrocosmos – *Microcosmus pupa*

## Bunte Kolonieaszidie Colorful sea squirt *Botrylloides nigrum*

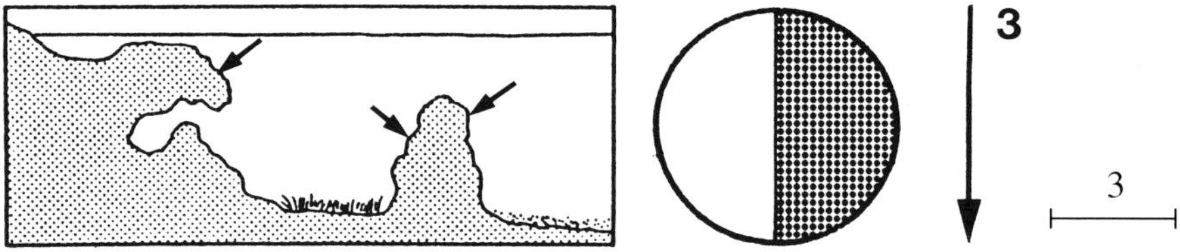


Diese Seescheide bildet flächige Kolonien auf nacktem Korallenfels, dabei sind die Ausfuhrgänge einzelner Tiere zu einem kaminartigen Gang verschmolzen. Die kleineren, ovalen Ansaugöffnungen sind oft mäanderförmig angeordnet. Farbvarianten in weiß, lehmgelb oder ziegelrot.

Encrusting colony of tiny animals arranged in rows around a single opening, through which they discharge the filtered water. The color varies from white or orange to dark purple.

## Riesensalpe Giant salp *Salpa maxima*

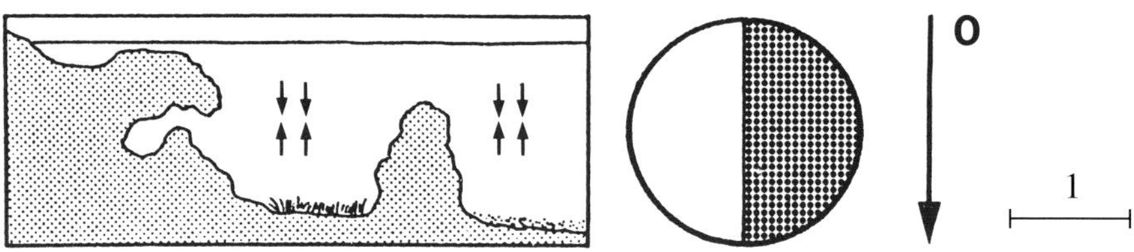


Ein transparentes, faßförmiges Tier mit geleeartigem Mantel. Es vermehrt sich durch Knospung, wobei die Jungtiere an dem alten hängen bleiben, so entstehen oft meterlange Ketten.

This transparent, barrel-shaped relative of the sea squirts has a jelly-like mantle. It reproduces by budding and the new individuals usually remain attached forming chains up to a meter long.

Bunte Kolonieaszidie – Colorful sea squirt – *Botrylloides nigrum*

Riesensalpe – Giant salp – *Salpa maxima*

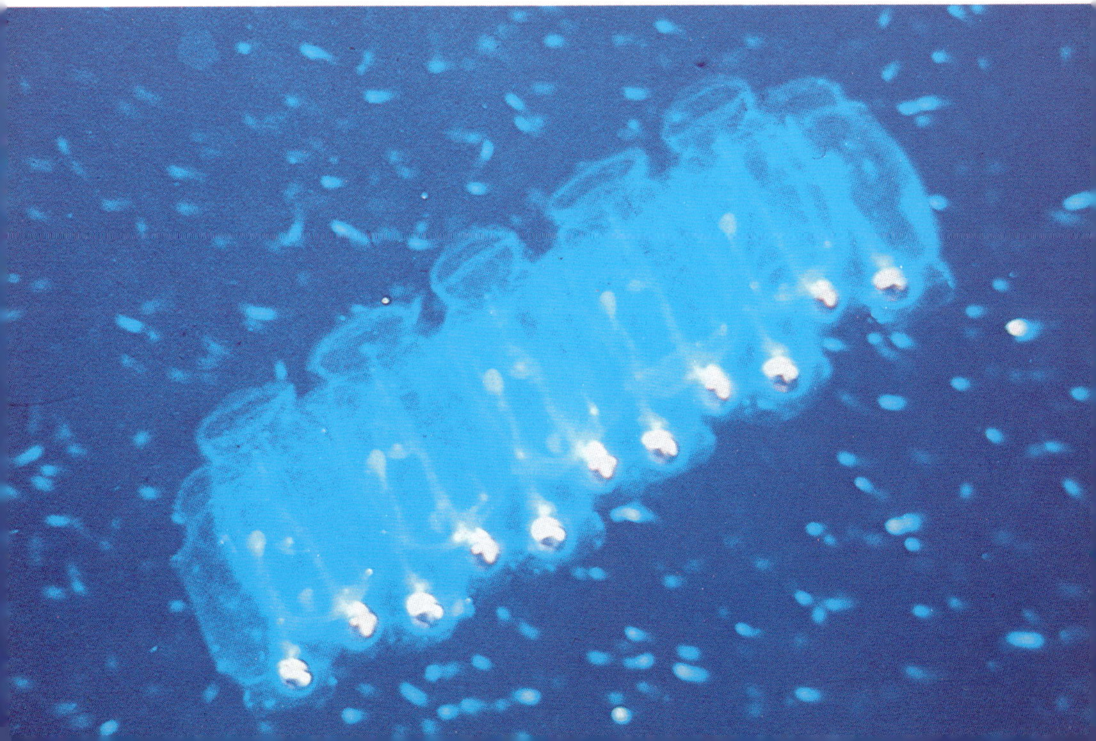

# INDEX DEUTSCH

# INDEX ENGLISH

# INDEX WISSENSCHAFTLICH SCIENTIFIC

# Literaturverzeichnis

## Wissenschaftliche Aufsätze – Scientific Publications

**Adam, W.,** 1942, Les céphalopodes de la Mer Rouge. Bull. Inst. Oceanogr. Monaco, 822, 1–20. **Adam, W.,** 1958, Cephalopoda of the Gulf of Aqaba. Bull. Sea Fish. Res. Stn. Israel, 26, 3–26. **Cherbonnier, G.,** 1967, Deuxième contribution à l'étude des holothuries, de la Mer Rouge collectés par les Israéliens. Bull. Sea. Fish. Res. Stn. Israel, 43, 55–68. **Engel, H. and Van Eeken, J.,** 1960, Red Sea Opisthobranchia from the coast of Israel and Sinai Bull. Sea. Fish. Res. Stn. Israel, 30, 15–34. **Fishelson, L.,** 1974, Ecology of the northern Red Sea crinoids and their endozoic fauna. Mar. Biol. 26, 183–192. **Fishelson, L.,** 1970, Littoral fauna of the Red Sea: the population of nonscleractinian anthozoans of shallow waters of the Red Sea. Mar. Biol. 6, 106–116. **Fishelson, L.,** 1971, Ecology and distribution of the benthic fauna in shallow waters of the Red Sea. Mar. Biol. 10, 113–133. **Fishelson, L.,** 1980, Marine Reserves along the Sinai Peninsula (northern Red Sea). Helgoländer Meeresunters. 33, 624–640. **Holthuis, L. B.,** 1958, Crustacea Decapoda from the northern Red Sea (Gulf of Aqaba and Sinai Peninsula). II. Hippidea and Brachyura. Bull. Sea. Fish. Res. Stn. Israel, 17, 41–54. **Holthuis, L. B.,** 1958, Crustacea Decapoda from the northern Red Sea (Gulf of Aqaba and Sinai Peninsula). I. Macrura Bull. Sea. Fish. Res. Stn. Israel, 17, 1–40. **Holthuis, L. B.,** 1968, The palinuridae and scyllaridae of the Red Sea. Zool. Meded. Leiden, 42, 281–301. **James, D. B.,** 1969, Echinoderms from the Gulf of Suez and the northern Red Sea. J. Mar. biol. Ass. India, 11, 78–125. **Keller, C.,** 1889–1891, Die Spongienfauna des Roten Meeres I und II. Zeit. f. Wiss. Zool. 48, 311–405; 52, 294–368. **Lewinsohn, Ch.,** 1977, Die Ocypodidae des Roten Meeres (Crustacea, Decapoda, Brachyura). Zool. Verh. Leiden, 152, 45–82. **Peres, J. M.,** 1967, Sur une collection d'ascidies de la côte Israélienne de la Mer Rouge et de la Péninsule du Sinai. Bull. Sea. Fish. Res. Stn. Israel, 30, 39–47. **Rees, W. J., and Stuckey, A.,** 1952, Mollusca: the "Manihine" expedition to the Gulf of Aqaba. Bull. Brit. Mus. (N. H.) Zool. 8, 183–202. **Semper, C.,** 1868, Holothurien, Reisen im Archipel der Philippinen. Zweite wissenschaftliche Resultate, Wiesbaden. **Verseveldt, J.,** 1965, Report on the Octocorallia (Stolonifera and Alcyonacea) of the Israel South Red Sea Expedition, 1962 with notes on other collections from the Red Sea. Bull. Sea. Fish. Res. Stn. Israel, 40, 28–48.

## Bücher – Books

**Baumeister, W.,** 1993, Farbatlas Meeresfauna – Niedere Tiere: Rotes Meer, Indischer Ozean (Malediven), Ulmer, Stuttgart. **Bemert, G. and Ormond, R.,** 1981, Red Sea Coral Reefs. Kegan Paul International, London and Boston. **Clark, A. M. and Rowe F. W. E.,** 1971, Monograph of Shallow Water Indo-West Pacific Echinoderms Trustees of the British Museum (Natural History), London. **Coleman, N.,** 1977, A Field Guide to Australian Marine Life. Rigby Limited, Sydney. **Dance, P.,** 1977, The Encyclopedia of Shells. Blandford Press. **Ditlev, H.,** 1980, A Field-guide to the Reef-building Corals of the Indo-Pacific. Scandinavian Science Press Ltd. Klampenborg. **Faulkner, D. and Chesher, R.,** 1979, Living Corals. Clarkson N. Potter, Inc. Publisher New York. **Fenchel, T. and Kristensen, J. H.,** 1973, Elat, The Red Sea. Study Report, University of Aarhus. **Fishelson, L.,** 1970, Litoral Fauna of the Red Sea: the population of nonscleractinian anthozoans of shallow waters of the Red Sea (Eilat). Marine Biology 6, 106–116. **George, J. D. and George, J. J.,** 1979, Marine Life. Harrap London. **Klunzinger, C. B.,** 1906, Die Spitz- und Spitzmundkrabben des Roten Meeres. Verlag von Ferdinand Enke, Stuttgart. **Klunzinger, C. B.,** 1912, Die Rundkrabben (Cyclometopa) des Roten Meeres. Abh. der Kaiserl. Leop.-Carol. Deutschen Akademie der Naturforscher, Band IC, Nr. 2. **Klunzinger, C. B.,** 1877, Die Korallentiere des Roten Meeres. Verlag der Gutmann'schen Buchhandlung, Berlin. **Köhler, K., Kull, U., Schmid, P.,** 1980, Eilat und das Riff. Vol. 1. Universität Stuttgart. **Lindner, G.,** 1975, Muscheln und Schnecken. BLV Verlagsgesellschaft München. **Mergner, H. und Schuhmacher, H.,** 1974, Morphologie, Ökologie und Zonierung von Korallenriffen bei Aqaba. Helgoländer wiss. Meeresunters. 26, 238–358. **Nobili, G.,** 1906, Decapodes et Stomatopodes. Ann. Sc. Nat. Zool. 9e serie. **Rüppell, E.,** 1828/1830, Neue wirbellose Tiere des Roten Meeres. Atlas zu der Reise im nördlichen Afrika, Frankfurt am Main. **Rüppell, E.,** 1830, Beschreibung und Abbildung von 24 Arten kurzschwänziger Krabben des Roten Meeres. Frankfurt am Main. **Savigny, M. J. C. L. De,** 1809–1817, Description de L'Egypte, Histoire Naturelle II, Atlas, Paris. **Scheer, G. and Gopinadha, P.,** 1983, Report on the Stony Corals from the Red Sea. Zoologica, 133. **Schmid, P. and Köhler, K.,** 1981, Eilat und das Riff. Vol. 2, Universität Stuttgart. **Schmid, P., Kull, U., Köhler, K.,** 1983, Eilat und das Riff, Vol. 3, Universität Stuttgart. **Schuhmacher, H.,** 1976, Korallenriffe. BLV Verlagsgesellschaft München. **Stoddart, D. R., Sir Yonge, M.,** 1971, Regional Variation in Indian Ocean Coral Reefs. Academic Press, London.

**Fotonachweis – Photography**

Elke Bärmann – IKAN oben: 95
Norbert Probst – IKAN unten: 105
Winfried Schott – IKAN unten: 95
Dr. Werner Mehrle – BIODOCUMENTATION unten: 33
Dr. Friedrich Naglschmid – MTI-Press, oben: 67, 81, 89, unten: 87.
Dietmar Paschke, MTI-Press, oben: 49, 51, 53, 61, 65, 73, 75, 77, 83, 103, 143, 145, 157, 151; unten: 25, 29, 47, 67, 69, 77, 83, 85, 89, 97, 101, 103, 113, 129, 137 , 139, 141, 143, 159.
Dr. Peter Schmid – MTI-Press, oben: 23, 27, 31, 35, 39, 41, 43, 45, 57, 59, 69, 71, 79, 85, 97, 105, 111, 115, 117, 119, 121, 125, 129, 133, 149, 153, 161; unten: 27, 31, 35, 37, 39, 41, 43, 45, 49, 51, 53, 55, 57, 59, 61, 63, 65, 71, 73, 75, 79, 81, 91, 93, 99, 107, 109, 111, 115, 117, 119, 121, 123, 125, 127, 131, 133, 135, 137, 141, 145, 147, 149, 151, 153, 155, 157, 161

Delius Klasing
EDITION NAGLSCHMID

# Unterwasserführer

PETER SCHMID/DIETMAR PASCHKE
**Unterwasserführer**
**Rotes Meer – Niedere Tiere**
*Band 1*
ISBN 3-89594-022-4

HELMUT DEBELIUS
**Unterwasserführer**
**Rotes Meer – Fische**
*Band 2*
ISBN 3-89594-021-6

PETER NAHKE/PETER WIRTZ
**Unterwasserführer**
**Malediven – Fische**
*Band 3*
ISBN 3-925342-59-1

HORST MOOSLEITNER/ROBERT PATZNER
**Unterwasserführer**
**Mittelmeer – Niedere Tiere**
*Band 4*
ISBN 3-89594-000-3

PETER WIRTZ/PETER NAHKE
**Unterwasserführer**
**Karibik – Fische**
*Band 5*
ISBN 3-927913-26-X

HORST MOOSLEITNER/ROBERT PATZNER
**Unterwasserführer**
**Mittelmeer – Fische**
*Band 6*
ISBN 3-89594-001-1

BERND HUMBERG
**Unterwasserführer**
**Europäische Binnengewässer**
*Band 7*
ISBN 3-927913-44-8

PETER WIRTZ
**Unterwasserführer**
**Madeira/Kanaren/Azoren – Fische**
*Band 8*
ISBN 3-927913-29-4

PETER WIRTZ
**Unterwasserführer**
**Madeira/Kanaren/Azoren – Niedere Tiere**
*Band 9*
ISBN 3-89594-014-3

BERND HUMBERG
**Unterwasserführer**
**Karibik – Niedere Tiere**
*Band 10*
ISBN 3-89594-013-5

HELMUT GÖTHEL
**Unterwasserführer**
**Malediven – Niedere Tiere**
*Band 11*
ISBN 3-89594-015-1